I0475899

Доклады
Независимых
Авторов

Периодическое многопрофильное научно-техническое издание

Выпуск № 21

Россия - Израиль
2012

The Papers of independent Authors

(volume 21, in Russian)
Russia - Israel
2012

Опубликовано **26.10.2012** (версия 1)
Опубликовано **29.11.2012** (версия 2)
Опубликовано **10.12.2012** (версия 3)
Отправлено в печать **12.12.2012**
Напечатано в США, Lulu Inc., каталожный № **13325013**
ISBN 978-1-300-33987-8
EAN-13 9772225671006
ISSN 2225-6717
Сайт со сведениями для автора - http://dna.izdatelstwo.com
Контактная информация - publisherdna@gmail.com
Факс: ++972-8-8691348
Адрес: POB 15302, Bene-Ayish, Israel, 60860

ISBN 978-1-300-33987-8

> Истина – дочь времени, а не авторитета.
> **Френсис Бэкон**

> Каждый человек имеет право на свободу убеждений и на свободное выражение их; это право включает свободу беспрепятственно придерживаться своих убеждений и свободу искать, получать и распространять информацию и идеи любыми средствами и независимо от государственных границ.
> **Организация Объединенных Наций.**
> **Всеобщая декларация прав человека. Статья 19**

От издателя

"Доклады независимых авторов" - многопрофильный научно-технический печатный журнал на русском языке. Журнал принимает статьи к публикации из России, стран СНГ, Израиля, США, Канады и других стран. При этом соблюдаются следующие правила:

1) статьи не рецензируются и издательство не отвечает за содержание и стиль публикаций,
2) автор оплачивает публикацию,
3) журнал регистрируется в международном классификаторе книг ISBN, передается и регистрируется в основных библиотеках России, национальной библиотеке Израиля,
4) приоритет и авторские права автора статьи обеспечиваются регистрацией журнала в ISBN,
5) коммерческие права автора статьи сохраняются за автором,
6) журнал издается в США,
7) журнал продается в интернете и в тех магазинах, которые решат его приобрести, пользуясь указанным международным классификатором.

Этот журнал - для тех авторов, которые уверены в себе и не нуждаются в одобрении рецензента. Нас часто упрекают в том, что статьи не рецензируются. Но институт рецензирования не является идеальным фильтром - пропускает неудачные статьи и задерживает оригинальные работы. Не анализируя многочисленные причины этого, заметим только, что, если плохие статьи может отфильтровать сам читатель, то выдающиеся идеи могут остаться неизвестными. Поэтому мы - за то, чтобы ученые и инженеры имели право (подобно писателям и художникам) публиковаться без рецензирования и не тратить годы на "пробивание" своих идей.

Хмельник С.И.

Содержание

Серия: **БИОЛОГИЯ**

Замалиев П.С.

Естественный отбор – частный случай второго начала термодинамики

Аннотация

Второе начало термодинамики по сути является запретом на самопроизвольный переход системы из более вероятного в менее вероятное состояние. Запрет этот справедлив для любых систем, поэтому второе начало термодинамики имеет множество формулировок. Естественный отбор – запрет на самопроизвольный переход самореплицирующейся системы из более вероятного в менее вероятное состояние, поэтому естественный отбор является одним из частных случаев второго начала термодинамики.

Одной из составляющих теории естественного отбора является следующее утверждение: изменение фенотипа происходит скачкообразно. Между особью с традиционным фенотипом и особью-мутантом - разумеется, при условии, что особь с традиционным фенотипом и особь-мутант отличаются по рассматриваемому признаку всего на одну мутацию - нет переходных форм. Но это означает, что процесс изменения фенотипа можно рассматривать как процесс прерывистый (дискретный), как бы состоящий из отдельных состояний, для каждого из которых нормой является определенный фенотип.

Вырисовывается такая картина. Особи популяции имеют один и тот же фенотип - это одно состояние популяции. Происходит мутация, появляются особи-мутанты с несколько иным фенотипом, начинается выбраковка особей с традиционным фенотипом, которая, по прошествии необходимого времени, заканчивается тем, что особи рассматриваемой популяции являются уже особями с несколько иным фенотипом - и это уже другое состояние популяции. Опять происходит мутация, опять появляются особи с фенотипом, несколько отличающимся от предыдущих фенотипов, проходит время, необходимое для выбраковки - и вот уже особи популяции обладают фенотипом, несколько отличающимся от предыдущих фенотипов - т.е. та же самая популяция перешла в следующее состояние. И т.д.

Разумеется, в действительности вряд ли эволюция какой-либо популяции протекает по такой рафинированной схеме, т.к. мутация - случайное событие, которое может произойти в любой момент времени, в том числе и в такой момент, когда отбор фенотипа, появившегося в результате предыдущей мутации, еще не закончен. В этом случае популяция, не закончив переход из одного состояния в другое, начнет переходить в следующее состояние - произойдет наложение переходов. Множественное же наложение переходов маскирует дискретность биологической эволюции.

Появление только некоторых мутаций приводит к тому, что популяция из начального состояния – состояния, в котором популяция находилась в момент возникновения мутации и нормой для которого являлась особь с традиционным фенотипом – переходит через сравнительно непродолжительный отрезок времени в новое состояние, для которого нормой является особь с несколько иным фенотипом, причем отличие этого нового фенотипа от традиционного фенотипа – результат возникшей мутации. Большинство же мутаций относятся либо к таким мутациям, после реализации которых в фенотипе начинается выбраковка особей-мутантов, а не особей с традиционным фенотипом; либо к таким мутациям, после реализации которых в фенотипе скорость закономерного изменения частоты мутантной аллели (скорость отбора) меньше скорости случайного изменения частоты этой же аллели (скорости дрейфа).

Но так как в случае появления мутации, после реализации которой в фенотипе начинается выбраковка особей-мутантов, можно считать, что популяция осталась в начальном состоянии, т.е. в том состоянии, в котором популяция находилась в момент появления этой мутации и нормой для которого является особь с традиционным фенотипом (фенотипом, в котором эта мутация не реализована); и так как в случае появления мутации, после реализации которой в фенотипе отбор практически незаметен, можно считать, что популяция переходит из одного состояния в другое очень и очень медленно, то, видимо, можно (пренебрегая наложением переходов) пользоваться следующей моделью.

Рассмотрим какую-то популяцию – скажем, популяцию A – на протяжении какого-то отрезка времени. В течение этого времени популяция A последовательно находится в состояниях A_1, A_2, ..., A_k, ..., A_m. Нормой для состояния A_1 является фенотип a_1, нормой для состояния A_2 – фенотип a_2, для состояния A_k – фенотип a_k, причем соседние фенотипы – фенотип a_k и фенотип a_{k+1} – отличаются всего на одну мутацию. Рассмотрим состояние A_k. Итак, перед нами популяция A, находящаяся в состоянии A_k, т.е. в таком состоянии, когда фенотип a_k – норма для популяции A. Предположим, происходит мутация. Предположим, что особь-мутант – особь a_{k+1} – имеет какое-то преимущество по сравнению с особями с традиционным фенотипом – особями a_k. Очевидно, в этом случае может начаться выбраковка особей a_k, которая, по прошествии достаточного по длительности отрезка времени, закончится тем, что особи популяции A будут особями a_{k+1}, т.е. может начаться переход популяции A из состояния A_k (для состояния A_k норма – фенотип a_k) в состояние A_{k+1} (для состояния A_{k+1} норма – фенотип a_{k+1}).

Мутация – единичное событие, поэтому всё начинается с единственной особи-носительницы мутантного гена. Можно ли утверждать, что эта единственная особь-носительница мутантного гена обязательно выживет и оставит потомство? Очевидно, нет. Ведь даже если мутантный ген доминантен, реализован в фенотипе, и, следовательно, единственная особь-носительница мутантного гена является особью-мутантом и имеет какое-то преимущество по сравнению с особями с традиционным фенотипом – а предполагаем, что именно такая мутация произошла – даже в этом случае не исключено, что эта единственная особь в результате неблагоприятного случайного стечения обстоятельств погибнет, не оставив потомства. Таким образом, мутация делает возможным – именно возможным, а не неизбежным – переход популяции A из состояния A_k в состояние A_{k+1}. Нельзя утверждать, что после появления рассматриваемой мутации популяция A, спустя достаточный по длительности отрезок времени, обязательно окажется в состоянии A_{k+1}. Можно лишь утверждать, что после появления рассматриваемой мутации популяция A, спустя достаточный по длительности отрезок времени, вероятнее всего окажется в состоянии A_{k+1}. Вероятность же того, что после появления рассматриваемой мутации популяция A так и останется в состоянии A_k, хотя и меньше вероятности того, что популяция A окажется в состоянии A_{k+1}, тем не менее также существует. Таким образом, каждое состояние популяции A из рассматриваемого ряда A_1, A_2, ..., A_k, ..., A_m имеет свою вероятность.

Итак, если появляющаяся особь-мутант имеет какое-то преимущество по сравнению с особями с традиционным фенотипом, то может произойти переход популяции из одного состояния в другое, а именно из менее вероятного состояния в более вероятное состояние – вероятность состояния может увеличиться. Уменьшиться же вероятность состояния популяции не может – ведь для перехода популяции из более вероятного состояния в менее вероятное состояние необходимо, чтобы в процессе естественного отбора более приспособленные особи выбраковывались, а менее приспособленные особи выживали. В процессе же естественного отбора происходит ровно наоборот. Т.е. фактически естественный отбор – это запрет на уменьшение вероятности состояния популяции. Но запрет на уменьшение вероятности состояния имеет исторически сложившееся название – второе начало термодинамики. Таким образом, естественный отбор есть частный случай второго начала термодинамики.

Интересно, что писал Докинз в «Эгоистичном гене»: «Дарвиновское "выживание наиболее приспособленных" - это на самом деле частный случай более общего закона выживания стабильного».

Нетрудно догадаться, что это за «общий закон выживания стабильного», ведь его можно сформулировать буквально в двух словах: чудес не бывает. Чудес – невероятных событий – не бывает. Не бывает самопроизвольных переходов из более вероятного в менее вероятное состояние. Для этого «общего закона выживания стабильного», гласящего «чудес не бывает», можно, как и для любого закона природы, сделать математический аппарат. Чудес не бывает нигде и никогда, но впервые математический аппарат для этого закона природы (для конкретного частного случая) был создан

Клаузиусом. В результате «общий закон выживания стабильного» (задолго до его «открытия» Докинзом) получил исторически сложившееся название – второе начало термодинамики.

Не существует никаких специальных антиэнтропийных законов, описывающих биологическую эволюцию, а несоответствие биологической эволюции второму началу термодинамики является кажущимся. Рассмотрим случайно возникший водный раствор нуклеотидов. Выделим два крайних состояния — самое вероятное и самое маловероятное. Самое маловероятное — что раствор будет химически однородным (химически чистый раствор только одного вещества) — и это самое упорядоченное состояние. Самое вероятное — что это будет химически неоднородный раствор (в растворе будут и разные нуклеотиды-мономеры, и нуклеотидные цепочки с разным порядком расположения нуклеотидов, и двойные спиральные цепочки с водородными связями с разным порядком нуклеотидов) — и это самое неупорядоченное состояние.

Теперь представим, что в этом растворе появляется молекула-репликатор. С началом реакции репликации химически однородный раствор гораздо более вероятен, чем химически неоднородный. Т.е. с началом реакции репликации состояния системы меняют свои вероятности на противоположные: самое вероятное состояние становится самым маловероятным, а самое маловероятное — самым вероятным. Упорядоченность же состояний остается прежней. В результате самое упорядоченное состояние с началом репликации становится и самым вероятным, а самое неупорядоченное состояние — самым маловероятным. В полном соответствии со вторым началом термодинамики (запретом на самопроизвольный переход из более вероятного состояния в менее вероятное состояние) наблюдаем увеличение упорядоченности.

В результате действия второго начала термодинамики упорядоченность системы может как убывать, так и возрастать, и биологическая эволюция — это тот случай, когда упорядоченность в результате действия второго начала термодинамики возрастает. Вероятность же любой системы в результате действия второго начала термодинамики никогда не убывает.

С появлением первой молекулы-репликатора, с началом реакции репликации появляются такие системы, у которых самое упорядоченное состояние является самым вероятным. А с законами природы ничего не происходит — не появляется никаких новых законов. Просто один из законов природы — запрет на самопроизвольный переход системы из более вероятного в менее вероятное состояние — принято называть по разному: там, где нет репликации, где самым вероятным состоянием системы является самое неупорядоченное, этот запрет принято называть вторым началом термодинамики; там, где есть репликация, где самым вероятным состоянием системы является самое упорядоченное, этот запрет принято называть естественным отбором.

Серия: **ГИДРОДИНАМИКА**

Хмельник С.И.

Механизм возникновения и метод расчета турбулентных течений

Аннотация

Предлагается объяснение механизма возникновения турбулентных течений, которое основано на максвеллоподобных уравнениях гравитации, уточненных на основе известных экспериментов. Показывается, что движущиеся молекулы текущей жидкости взаимодействуют между собой аналогично движущимся электрическим зарядам. Силы такого взаимодействия могут быть расчитаны и включены в уравнения Навье-Стокса как массовые силы. Уравнения Навье-Стокса, дополненные такими силами, становятся уравнениями гидродинамики для турбулентного течения. При этом для расчета турбулентных течений можно использовать известные методы решения уравнений Навье-Стокса.

Оглавление

1. Вступление

В [1] рассмотрена аналогия электромагнетизма и гравитоэлектромагнетизма, с позиций этой аналогии проведен анализ новых экспериментов Самохвалова [2]. На основе этого там показано, что максвеллоподобные уравнения гравитоэлектромагнетизма должны быть дополнены некоторым эмпирическим коэффициентом <u>гравитационной проницаемости</u> среды. Этот коэффициент для вакуума имеет величину порядка $\xi \approx 10^{12}$ и резко уменьшается с увеличением давления. Это объясняет отсутствие видимых эффектов гравитомагнитного взаимодействия движущихся масс в воздухе. Однако в вакууме эти взаимодействия отчетливо проявляются в указанных экспериментах.

В потоке жидкости движущиеся молекулы разъединены вакуумом. Поэтому силы их гравитомагнитного взаимодействия могут быть значительными и влиять на характер течения.

Известно, что при увеличении скорости ламинарного течения жидкости или газа <u>самопроизвольно</u> (без наличия внешних сил) возникает турбулентное течение [3]. Механизм самопроизвольного перехода от ламинарного течения к турбулентному не найден. Очевидно, должен быть обнаружен источник сил, перпендикулярных скорости потока.

Далее показывается, что гравитомагнитное взаимодействие движущихся масс жидкости может быть причиной возникновения турбулентности.

2. Взаимодействие движущихся электрических зарядов

Рассмотрим два заряда q_1 и q_2, движущиеся со скоростями v_1 и v_2 соответственно. Известно [4], что индуция поля, создаваемого зарядом q_1 в точке, где в данный момент находится заряд q_2, равна (здесь и далее используется система СГС)

$$\overline{B_1} = q_1 \left(\overline{v_1} \times \overline{r} \right) \Big/ cr^3 .\tag{1}$$

При этом вектор $\overline{r}$ направлен из точки, где находится движущийся заряд q_1. Сила Лоренца, действующая на заряд q_2,

$$\overline{F_{12}} = q_2 \left(\overline{v_2} \times \overline{B_1} \right) \Big/ c .\tag{2}$$

Аналогично,

$$\overline{B_2} = q_2\left(\overline{v_2} \times \overline{r}\right)\!/cr^3, \tag{3}$$

$$\overline{F_{21}} = q_1\left(\overline{v_1} \times \overline{B_2}\right)\!/c. \tag{4}$$

В общем случае $\overline{F_{12}} \neq \overline{F_{21}}$, т.е. не соблюдается третий закон Ньютона – возникают неуравновешенные силы, действующие на заряды q_1 и q_2 и искривляющие траектории движения этих зарядов.

Рассмотрим соотношение между силой Лоренца и силой притяжения зарядов. В простейшем случае сила Лоренца, найденная из (1, 2) имеет вид

$$F = \frac{q_1 q_2 v_1 v_2}{r^2 c^2}. \tag{5}$$

Сила притяжения двух зарядов

$$P = \frac{q_1 q_2}{r^2}. \tag{6}$$

Следовательно,

$$\phi_e = \frac{F}{P} = \frac{v_1 v_2}{c^2}. \tag{7}$$

Будем называт эту величину <u>эффективностью</u> сил Лоренца

3. Гравитомагнитное взаимодействие движущихся масс

По аналогии с взаимодействием электрических зарядов, две массы m_1 и m_2, движущиеся со скоростями v_1 и v_2 соответственно, также взаимодействуют между собой. В [1] показано, что в этом случае возникают гравитомагнитные индукции вида

$$\overline{B_{g1}} = Gm_1\left(\overline{v_1} \times \overline{r}\right)\!/cr^3, \tag{1}$$

$$\overline{B_{g2}} = Gm_2\left(\overline{v_2} \times \overline{r}\right)\!/cr^3, \tag{2}$$

где

c — скорость света в вакууме, $c \approx 3\cdot 10^{10}$ см/сек;

G - гравитационная постоянная, $G \approx 7\cdot 10^{-8}$ дин·см²·г⁻².

При этом на массы также действуют гравитомагнитные силы Лоренца, которые имеют следующий вида [1]:

$$\overline{F_{12}} = \varsigma\xi\, m_2 \left(\overline{v_2} \times \overline{B_{g1}}\right)\!\big/ c\,, \tag{3}$$

$$\overline{F_{21}} = \varsigma\xi m_1 \left(\overline{v_1} \times \overline{B_{g2}}\right)\!\big/ c\,, \tag{4}$$

где

$\varsigma = 2$, что следует из ОТО,

$\xi \approx 10^{12}$ - коэффициент гравитационной проницаемости вакуума [1].

При параллельных скоростях $\overline{v_1} = \overline{v_2}$ и равных массах силы $\overline{F_{12}} = -\overline{F_{21}}$ и ламинарное течение сохраняет свой характер. Однако в общем случае, когда $\overline{v_1} \neq \overline{v_2}$, возникают силы $\overline{F_{12}} \neq \overline{F_{21}}$, т.е. возникает неуравновешенная сила $\overline{\Delta F} = \overline{F_{12}} + \overline{F_{21}}$, действующая на массы m_1 и m_2 и искривляющая траектории движения этих масс (заметим, что при этом не соблюдается соблюдается третий закон Ньютона [4]). Из приведенных формул следует, что неуравновешенная сила направлена под углом к скорости потока, что нарушает ламинарность.

Найдем соотношение между гравитомагнитной силой Лоренца и силой притяжения масс. Анологично предыдущему в простейшем случае гравитомагнитную силуа Лоренца, найходим из (1, 3):

$$F = \varsigma\xi \frac{G m_1 m_2 v_1 v_2}{r^2 c^2}\,. \tag{5}$$

Сила притяжения двух масс

$$P = \frac{G m_1 m_2}{r^2}\,. \tag{6}$$

Следовательно,

$$\phi_g = \frac{F}{P} = \varsigma\xi \cdot \frac{v_1 v_2}{c^2}\,. \tag{7}$$

Будем называть эту величину эффективностью гравитомагнитных сил Лоренца. Сравнивая (2.7) и (3.7) находим, что

$$\phi_g = \phi_e \varsigma\xi\,. \tag{8}$$

Следовательно, эффективность гравитомагнитных сил Лоренца намного преышает эффективность электромагнитных сил Лоренца при сравнимых скоростях.

4. Гравитомагнитное взаимодействие как причина турбулентности

Для появления неуравновешенных сил должны выполнятся следующие условия:

1. скорости должны имет определенную величину (при которой силы становятся существенными);
2. должна возникнуть причина местного изменения скоростей, например,
   - ○ появление преграды
   - ○ изменение давления при вытекании струи из воды.

Можно указать ряд причин, увеличивающих неуравновешенные силы:

- увеличение температуры, при котором скорости v_1 и v_2 перестают быть параллельными из-из тепловых флуктуаций,
- уменьщение вязкости, т.е. межмолекулярных сил притяжения, которые противодействуют неуравновешенной силе, раздвигающей молекулы.

Можно указать также ряд внешних факторов, вызывающих появление неуравновешенных сил за счет внешнего нарушения параллельности скоростей v_1 и v_2, например,

- резкие изменения температуры, давления,
- впрыскивание дополнительной жидкости или других веществ.

Локальное изменение равных скоростей пары связанных молекул, вызванное, например, несимметричным ударом, неизбежно распространяется на всю область течения.

Поскольку силы Лоренца не соверщают работы, энергия для турбулентного движения должна поступать из энергии ламинарного течения, т.е. энергия входного потока должна превышать некоторую величину для возникновения турбулентности.

Уравнения Навье-Стокса позволяют определить скорости потока, встречающего преграду или покидающего преграду. Зная эти скорости, по указанным выше уравнениям можно определить неуравновешенные силы. Затем эти силы, как функции скорости, могут быть включены в уравнения Навье-Стокса как массовые силы.

5. Количественные оценки

В общем случае из (3.2, 3.4) найдём

$$\overline{F_{21}} = \frac{\varsigma\xi Gm_1m_2}{c^2r^3}\left(\overline{v_1} \times \left(\overline{v_2} \times \overline{r}\right)\right). \tag{1}$$

Рассмотрим орты векторов, обозначая их штрихом. Тогда из (1) получим:

$$\overline{F_{21}} = \sigma\overline{f_{21}}, \tag{2}$$

где

$$\overline{f_{21}} = \left(\overline{v_1'} \times \left(\overline{v_2'} \times \overline{r'}\right)\right). \tag{3}$$

$$\sigma = \frac{\varsigma\xi G \cdot m_1m_2v_1v_2}{c^2r^2}, \tag{4}$$

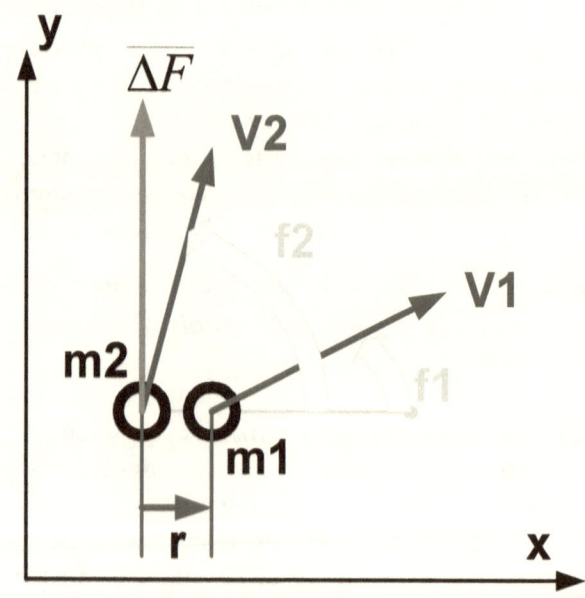

Рис. 1.

Аналогично,

$$\overline{F_{12}} = \sigma\overline{f_{12}}, \tag{5}$$

где

$$\overline{f_{12}} = \left(\overline{v_2'} \times \left(\overline{v_1'} \times \overline{r'}\right)\right), \tag{6}$$

и

$$\overline{\Delta F} = \sigma\overline{\Delta f}, \tag{7}$$

где

$$\overline{\Delta F} = \overline{F_{21}} + \overline{F_{12}}, \tag{8}$$

$$\overline{\Delta f} = \overline{f_{21}} + \overline{f_{12}}. \tag{9}$$

Рассмотрим две соседние молекулы жидкости. Расстояние между молекулами жидкости остается неизменным. В силу малости расстояния r между ними можно полагать, что векторы скоростей $\overline{v_1'}$, $\overline{v_2'}$ этих молекул приложены к одной точке и лежат в некоторой общей плоскости xoy. Тогда вектор (9) также лежит в этой плоскости. На рис. 1 показано расположение векторов $\overline{v_1'}$, $\overline{v_2'}$, $\overline{r'}$.

Рассмотрим две соседние молекулы жидкости. Расстояние между молекулами жидкости остается неизменным. В силу малости расстояния r между ними можно полагать, что векторы скоростей $\overline{v_1'}$, $\overline{v_2'}$ этих молекул приложены к одной точке и лежат в некоторой общей плоскости xoy. Тогда вектор (9) также лежит в этой плоскости. На рис. 1 показано расположение векторов $\overline{v_1'}$, $\overline{v_2'}$, $\overline{r'}$.

В приложении (см. (6)) показано, что величина вектора (9) определяется по формуле

$$\Delta f = r \sin(\varphi_2 - \varphi_1). \tag{8}$$

С учетом (9, 10) отсюда получаем:

$$\Delta F = \sigma \sin(\varphi_2 - \varphi_1). \tag{9}$$

Эта сила возникает тогда, когда соседние молекулы ударяются о преграду под разными углами. Можно полагать, что суммарная сила приложена к одной из молекул. Поэтому она создает крутящий момент диполя, составленного из двух молекул,

$$M = r \cdot \Delta F. \tag{10}$$

Каждая пара соседних молекул жидкости образует диполь с крутящим моментом (10). Крутящие моменты увеличивают локальные скорости молекул жидкости, что, в свою очередь, увеличивает крутящие моменты указанных диполей. Поэтому турбулентность, начавшись, продолжает развиваться, распространяясь в объеме жидкости.

Формула (9) определяет силы гравитомагнитного взаимодействия молекул жидкости, как функцию скоростей этих соприкасающихся молекул. Эти силы могут быть включены в уравнения Навье-Стокса как массовые силы – см. ниже.

6. Пример: турбулентный поток воды в трубе

Далее рассмотрим случай взаимодействия струй жидкости, предполагая, что взаимодействуют группы молекул, образующих элемент струи. Рассмотрим частный случай, когда у струй векторы скоростей равны $|v_1| = |v_2| = v$ и массы групп равны $m_1 = m_2 = m$. При этом по (4) найдем силу

$$\sigma = \varsigma\xi G\left(\frac{mv}{cr}\right)^2. \tag{11}$$

где r – расстояние между струями. Обозначим через d характерный размер группы (диаметр струи) и перепишем (11) в виде

$$\sigma = \varsigma\xi G\left(\frac{\rho \cdot d^3 v}{cr}\right)^2. \tag{11а}$$

где ρ - плотность жидкости, а масса группы

$$m = \rho \cdot d^3. \tag{11в}$$

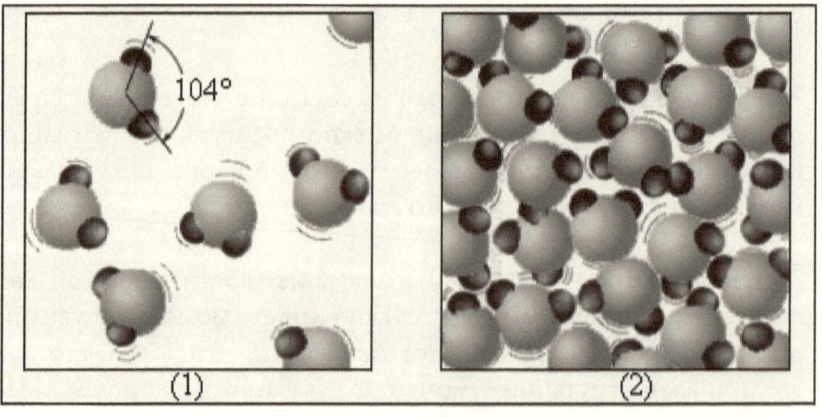

Рис. 2 (из Википедии). Водяной пар (1) и вода (2). Молекулы воды увеличены примерно в $5 \cdot 10^7$ раз.

Дальнейший пример относится к воде. Поскольку в жидкостях молекулы располагаются на расстояниях соизмеримых с размерами самих молекул (см. рис. 2), то расстояние между молекулами примем равным диаметру молекулы, который для воды равен $r \approx 3 \cdot 10^{-12}$ см. Плотность воды $\rho = 1$г/см^3. Найдем еще скорость потока воды, при котором возникает турбулентность. Известно [3], что условие возникновения турбулентности определяется критерием Рейнольдса, который для круглой трубы имеет вид

$$\mathrm{Re} = Dv / \eta,\tag{12}$$

где D - диаметр трубы, η - коэффициент кинематической вязкости. Для воды $\eta \approx 0.01$ см^2/с [5]. Пусть $D = 2.5$ см. Турбулентность возникает, если число Рейнольдса $\mathrm{Re} > 2300$. При этом из (12) найдем скорость турбулентного потока $v = 10$ см\сек. Пусть диаметр взаимодействующих струй $d \approx 0.1$ см. Выше указано, что $\varsigma = 2$, $\xi \approx 10^{12}$, $G \approx 7 \cdot 10^{-8}$. Тогда из (11а) найдем

$$\sigma = 2 \cdot 10^{12} \cdot 7 \cdot 10^{-8} \left(1 \cdot 0.1^3 \cdot 10 / \left(3 \cdot 10^{10} \cdot 3 \cdot 10^{-12}\right)\right) \approx 2000 \text{ дин}\tag{13}$$

Предположим, что $\sin(\varphi_2 - \varphi_1) \approx 10^{-2}$. Тогда найдем силу (9):

$$\Delta F \approx 20 \text{ дин.}\tag{14}$$

Из (10, 14) найдем еще крутящий момент:

$$M \approx r \cdot \Delta F \approx 2 \text{ дин*см.}\tag{15}$$

7. Уравнения турбулентного потока

Снова вернемся к формуле (5.1):

$$\overline{F_{21}} = \frac{\varsigma \xi G m^2}{c^2 r^3} \left(\overline{v_1} \times \left(\overline{v_2} \times \overline{r}\right)\right) \left[\text{дина} = \frac{\text{г} \cdot \text{см}}{\text{сек}^2}\right].\tag{1}$$

Аналогично п. 5 найдем

$$\overline{\Delta F} = \vartheta \cdot \overline{\Delta f},\tag{2}$$

где

$$\vartheta = \frac{\varsigma \xi G m^2}{c^2 r^3} \left[\frac{г}{см^2}\right],\tag{3}$$

$$\overline{\Delta f} = \vartheta\left(\left(\overline{v_1} \times \left(\overline{v_2} \times \overline{r}\right)\right) - \left(\overline{v_2} \times \left(\overline{v_1} \times \overline{r}\right)\right)\right).\tag{4}$$

Учитывая (11в), перепишем (3) в виде

$$\vartheta = \frac{\varsigma \xi G \rho^2 d^6}{c^2 r^3} \left[\frac{г}{см^2}\right].\tag{4а}$$

Далее силы, вызывающие турбулентность, будем обозначать как Т. В приложении показано (см. также рис. 1), что, если все векторы лежат в одной плоскости, то (4) эквивалентно формуле

$$T_y = \vartheta \cdot R_x \left(v_{2x} v_{1y} - v_{2y} v_{1x} \right) \qquad (5)$$

где

T_y - сила, действующая на массу, движущуюся со скоростью v_2

R_x - расстояние между центрами масс.

Пусть две соседние группы молекул расположены на оси ox. Обозначим:

$$R_x = dx, \qquad (6а)$$

$$v_2 = v, \quad v_1 = v + dv. \qquad (6в)$$

Тогда

$$T_y = \vartheta \cdot dx \left(v_x \left(v_y + dv_y \right) - v_y \left(v_x + dv_x \right) \right) \qquad (7)$$

или

$$T_y = \vartheta \cdot dx \left(v_x dv_y - v_y dv_x \right) \qquad (8)$$

Аналогично, для правой системы координат имеем:

$$T_z = \vartheta \cdot dy \left(v_y dv_z - v_z dv_y \right) \qquad (9)$$

$$T_x = \vartheta \cdot dz \left(v_z dv_x - v_x dv_z \right). \qquad (10)$$

Рассмотрим оператор (который в дальнейшем для краткости будем называть <u>турбулеаном</u>)

$$\Omega(v) = \begin{vmatrix} v_z \dfrac{dv_x}{dz} - v_x \dfrac{dv_z}{dz} \\ v_x \dfrac{dv_y}{dx} - v_y \dfrac{dv_x}{dx} \\ v_y \dfrac{dv_z}{dy} - v_z \dfrac{dv_y}{dy} \end{vmatrix} \left[\dfrac{см}{сек^2} \right]. \qquad (11)$$

Пример 1. Рассмотрим идеальное ламинарное течение, в котором $v_x \neq 0, \ v_y = 0, \ v_z = 0$. Очевидно, при этом $\Omega(v) = 0$, т.е. ламинарное течение не может самопроизвольно перейти в турюулентное течение.

В соответствии с (6а) имеем

$$R = dx = dy = dz \qquad (12)$$

Из (10-12) следует выражение

$$T = R^2 \vartheta \cdot \Omega(v) \left[cm^2 \, \frac{\Gamma}{cm^2} \cdot \frac{cm}{cek^2} = \frac{\Gamma \cdot cm}{cek^2} = \text{дина} \right]. \quad (13)$$

или

$$T = \vartheta_1 \cdot \Omega(v) [\text{дина}], \quad (14)$$

где

$$\vartheta_1 = R^2 \vartheta = \frac{R^2 \varsigma \xi G \rho^2 d^6}{c^2 r^3} [г]. \quad (15)$$

Выражение (14) определяет силу, действующую на группу молекул со стороны трех соседних групп молекул, находящихся перед ней на осях координат, если дифференциалы координат равны расстоянию между молекулами (12). Эта сила действует на объем четырех групп молекул, т.е. на объем $4d^3$. Поэтому сила, действующая на единичный объем,

$$T_m = \rho_m \Omega(v) \left[\frac{\text{дина}}{cm^3} = \frac{\Gamma}{cek^2 cm^2} \right], \quad (16)$$

где

$$\rho_m = \frac{\vartheta_1}{4d^3} = \frac{R^2 \varsigma \xi G \rho^2 d^3}{4 c^2 r^3} \left[\frac{\Gamma}{cm^3} \right]$$

или

$$\rho_m = \frac{\varsigma \xi G \rho^2 d^8}{4 c^2 r^3} \left[\frac{\Gamma}{cm^3} \right], \quad (17)$$

поскольку $R \approx d$.

Заметим для сравнения, что в уравнениях гидродинамики размерность массовой силы $F_m \left[\dfrac{\text{дина}}{г} = \dfrac{cm}{cek^2} \right]$, а размерность силы, действующей на единичный объем, $\rho F_m \left[\dfrac{\text{дина}}{г} \dfrac{\Gamma}{cm^3} = \dfrac{\text{дина}}{cm^3} = \dfrac{\Gamma}{cek^2 cm^2} \right]$. Именно такую размерность имеет и сила (16). При этом коэффициент (17) имеет размерность плотности и может быть назван турбулентной плотностью данной жидкости.

Пример 2. Найдем <u>турбулентную плотность</u> ρ_m воды. Имеем:

$\rho = 1\text{г/см}^3$, $d \approx 0.1\text{см}$, $c \approx 3 \cdot 10^{10}\ см/сек$, $\varsigma = 2$, $\xi \approx 10^{12}$.

Пусть диаметр струи $d \approx 0.1\text{см}$ и расстояние между струями

$r \approx 10^{-8}\text{см}$. Тогда

$$\rho_m = \frac{\varsigma\xi G\rho^2 d^8}{4c^2 r^3} = \frac{2 \cdot 10^{12} \cdot 7 \cdot 10^{-8} \cdot 10^{-8}}{4 \cdot \left(3 \cdot 10^{10}\right)^2 \left(10^{-8}\right)^3}$$

или $\rho_m \approx 0.4\left[\dfrac{\text{г}}{\text{см}^3}\right]$.

Силы (16) могут быть включены в уравнения Навье-Стокса. <u>Уравнения Навье-Стокса, дополненные такими силами, становятся уравнениями гидродинамики для турбулентного течения.</u>

Турбулеан (11) по структуре аналогичен выражению

$$(v \cdot \nabla)v = \begin{bmatrix} v_x \dfrac{\partial v_x}{\partial x} + v_y \dfrac{\partial v_x}{\partial y} + v_z \dfrac{\partial v_x}{\partial z} \\[2mm] v_x \dfrac{\partial v_y}{\partial x} + v_y \dfrac{\partial v_y}{\partial y} + v_z \dfrac{\partial v_y}{\partial z} \\[2mm] v_x \dfrac{\partial v_z}{\partial x} + v_y \dfrac{\partial v_z}{\partial y} + v_z \dfrac{\partial v_z}{\partial z} \end{bmatrix}, \tag{18}$$

входящему в уравнения Навье-Стокса. Поэтому для расчета турбулентных течений можно использовать известные методы решения уравнений Навье-Стокса и, в том числе, метод, предложенный в [6].

Выражение (18) входит в уравнение Навье-Стокса с множителем ρ. Следовательно, турбулеан (11) будет влиять на решение уравнения, если коэффициент (17) будет иметь значение $\rho_m \approx \rho$.

Приложение

Рассмотрим выражение с векторами вида

$$\vec{f} = \left(\vec{a} \times \left(\vec{b} \times \vec{r}\right)\right). \tag{1}$$

В правой системе декартовых координат это выражение принимает вид

$$\left[a_y\left(b_x r_y - b_y r_x\right) - a_z\left(b_z r_x - b_x r_z\right)\right] \tag{2}$$

Предположим, что проекции этих векторов на ось Z равны нулю. Тогда

$$\overline{f} = \left(b_x r_y - b_y r_x\right)\begin{bmatrix} a_y \\ -a_x \\ 0 \end{bmatrix}. \tag{2a}$$

Предположим еще, что $r_y = 0$, т.е. $r = r_x$. Тогда

$$\overline{f} = r b_y \begin{bmatrix} -a_y \\ a_x \\ 0 \end{bmatrix}. \tag{3}$$

Итак, при указанных условиях

$$\overline{f}_{ab} = \left(\overline{a} \times \left(\overline{b} \times \overline{r}\right)\right) = r b_y \begin{vmatrix} -a_y \\ a_x \end{vmatrix}. \tag{3a}$$

Аналогично,

$$\overline{f}_{ba} = \left(\overline{b} \times \left(\overline{a} \times \left(-\overline{r}\right)\right)\right) = -r a_y \begin{vmatrix} -b_y \\ b_x \end{vmatrix}. $$

Имеем

$$\overline{\Delta f} = \overline{f}_{ab} + \overline{f}_{ba} = r\begin{pmatrix} 0 \\ a_x b_y - a_y b_x \end{pmatrix} \tag{4}$$

или

$$\overline{\Delta f_y} = r\left(a_x b_y - a_y b_x\right) = rab\left(\cos\varphi_a \sin\varphi_b - \sin\varphi_a \cos\varphi_a\right), \tag{5}$$

где φ_a, φ_b - углы векторов a, b с осью ox. Таким образом, вектор $\overline{\Delta f}$ лежит в той же плоскости, где находятся исходные векторы, направлен вдоль оси oy и имеет величину

$$\Delta f = rab\sin\left(\varphi_b - \varphi_a\right). \tag{6}$$

Литература

1. Хмельник С.И. Экспериментальное уточнение максвеллоподобных уравнений гравитации, данный выпуск.
2. Самохвалов В.Н. Статьи в журнале «Доклады независимых авторов», изд. «ДНА», ISSN 2225-6717, Россия – Израиль,

2009, вып. 13; 2010, вып. 14; 2010, вып. 15; 2011, вып. 18; 2011, вып. 19.

3. Иванов Б.Н. Мир физической гидродинамики. От проблем турбулентности до физики космоса. Изд. 2-е. – М.: Едиториал УРСС, 2010. – 240с.

4. Зильберман Г.Е. Электричество и магнетизм, Москва, изд. "Наука", 1970.

5. Вильнер Я.М. и др. Справочное пособие по гидравлике, гидромашинам и гидроприводам, изд. "Высшая школа", 1976.

6. Хмельник С.И. Уравнения Навье-Стокса. Существование и метод поиска глобального решения (вторая редакция). Published by "MiC" - Mathematics in Computer Comp., printed in USA, Lulu Inc., ID 9971440. Израиль, 2011, ISBN 978-1-4583-1953-1.

Серия: СОЦИОЛОГИЯ

Недосекин Ю.А.

Капитализм – смерть человечества

Аннотация

Утверждается, что с ростом влияния робототехники на производство товаров будет сокращаться потребность в использовании людских ресурсов. И, как следствие этого, численность населения будет быстро уменьшаться, что в конечном итоге приведет к появлению компактного высокотехнологичного общества с малым количеством людей.

Целью капитализма является обогащение любыми средствами – деньги не пахнут.

В связи с развитием роботизации недалеко то время, когда начнет быстрыми темпами сокращаться количество работников во всех отраслях промышленности. Лишние люди будут выброшены на улицу. Чтобы не произошло социального взрыва, они будут получать необходимое пособие. Потребность в новых кадрах будет понижаться, а следовательно будет понижаться и количество обучающего персонала. И так по взаимосвязанной цепочке будет происходить уменьшение специалистов всех категорий. Выброшенные на улицу люди не в состоянии будут приобретать дорогие вещи, что приведет также к сокращению их производства.

И вот здесь на данном этапе сильного сокращения работников в сфере производства всех товаров у капиталистов возникнет дилемма:

1) либо производить столько продукции, чтобы ее хватило на всех жителей данной страны;

2) либо сокращать количество выпускаемой продукции до уровня, необходимого для ее потребления обеспеченным меньшинством.

Учитывая звериную сущность капитализма, последний выберет второе решение.

Лишние люди постепенно будут вымирать и количество населения начнет уменьшаться без всяких войн.

А чтобы обеспеченные капиталисты могли существовать в таком сильно урезанном меньшинстве, они естественно, если не дураки, будут содействовать развитию науки и техники, обеспечивая научно-технический состав всеми благами, которыми и сами пользуются.

Таким образом будет построено высокоинтеллектуальное компактное общество, но деньги, как таковые, тогда уже потеряют свой смысл. Это будет первая фаза построения высокоинтеллектуального общества, в котором руководящую роль будут выполнять капиталисты.

Вторая фаза этого общества будет состоять в том, что постепенно интеллектуальная часть общества будет освобождаться от своих руководителей-капиталистов в силу их никчемности.

Отсюда следует вывод, что если человечество желает развиваться и в последующие века, то всем странам необходимо переходить к социалистической формации, иначе всем гибель.

Серия: СОЦИОЛОГИЯ

Недосекин Ю.А.

Отповедь пророкам

Аннотация

На основе многочисленных несбывшихся предсказаний автор статьи делает вывод о их бесполезности для человечества.

Пророки были во все времена развития человечества. Учения и предсказания многих из них описаны в Библии. В более поздние времена недостатка в пророках не было. В настоящее время волна пророчества поразила многих исследователей непонятного. Общим для всех пророков является завуалированность их предсказаний, выраженной в мифологической, иносказательной и неконкретной формах. И вот находятся расшифровщики таких предсказаний, вещая миру о прошедших и грядущих событиях. Прошедшие события всегда можно подогнать под некоторые предсказания, толкуя их в нужном понимании. Предсказание грядущих событий, якобы описанных в зашифрованном виде в трудах пророков, является более трудным делом. Расшифровка пророческих предсказаний должна быть конкретной и точной, а не расплывчатой и многозначной. Ни одно из расшифрованных пророческих предсказаний предстоящих событий на практике не сбылось. А пророки, несмотря на это, упорно продолжают сочинять предсказания, используя для этого либо свое собственное сознание, либо божьи откровения, вдруг им открывшиеся. Когда некоторый исследователь непонятного слышит в своем сознании какие-то сообщения, то он полагает, что это послания Бога. Кто же еще, кроме Бога, может ему нашептывать сообщения о грядущих событиях, размышляет исследователь. Конечно же это Бог, решает исследователь, считая себя божьим избранником. С этого момента миссией данного исследователя является донести божьи откровения до всего человечества ради его спасения от неминуемой гибели, если оно не последует божьим советам.

Аналогичный процесс получения сообщений происходит также у так называемых контактеров и эзотериков. Они тоже получают "важные" сообщения и знания от неведомых сил. Написаны тысячи книг с подобными предсказаниями и сообщениями. Есть ли от них какая-либо польза человечеству? Конечно же нет. Знания, излагаемые в этих книгах, не конкретны и не сопоставлены с наблюдениями. Многословность и недоказанность является характерной чертой подобных сочинений.

Вот и в этом 2012 году 21 декабря предсказывали конец света [1]:

"Тибетские ламы не скрывают, что риск серьезной катастрофы довольно велик: в конце декабря планеты Солнечной системы выстроятся в один ряд, что является уникальным случаем. "Осень и зима будут теплые, а с 21.12.2012 Земля начнет проходить через галактическую "нулевую полосу". Это особое состояние пространства, где гасятся и не могут распространяться никакие энергии. Наступит полная темнота и тишина. Отключатся электричество и связь. Темнота будет сопровождаться вспышками света, а также игрой света и тени. Временами может казаться, что бродят фигуры – как будто мертвецы встали из гробов. Землю будет слегка потряхивать - словно незначительное землетрясение. Некоторые строения могут быть разрушены", - предупредил лама, которого на Тибете называют оракулом Шамбалы.

Люди, по его словам, будут массово гибнут из-за паники и страха перед неизвестностью. Катаклизмы же продлятся две недели, хотя отголоски будут ощущаться еще несколько месяцев вплоть до начала февраля.

Чтобы пережить катастрофу, оракул советует заранее подготовить документы и теплые вещи, постараться уехать в сельскую местность. Там стоит заготовить свечи, дрова, запас продуктов и питьевой воды. "Необходимо наблюдать за домашними животными, идеальный вариант – кошка. Благодаря природным инстинктам они подадут пример, как вести себя в экстремальной ситуации, - приводит советы ламы журнал "Собеседник". "В течение "дней темноты" завесить окна простынями, не смотреть в них, не выходить на улицу. Лучше медитировать или молиться", - добавил лама."

Предсказание конца света по календарю Майя [2]:

"Надпись из 56 иероглифов была обнаружена на блоке лестницы.

В Гватемале при раскопках участка La Corona археологи нашли вторую находку, содержащую надписи, датированные 695-696 гг. н.э. Найденный артефакт сообщает о том, что конец света наступит 21 декабря 2012 года.

При этом руководитель раскопок Мерчелло Кануто подчеркнул, что найденные тексты не являются пророчествами. Они повествуют о древней политической истории цивилизации. Между тем, находка является самым длинным посланием индейцев из когда-либо найденных на территории страны.

Надпись из 56 иероглифов была обнаружена на блоке лестницы. По словам Кануто, индейцы использовали свой календарь для сохранения стабильности во время кризиса, а вовсе не для предсказания грядущего апокалипсиса.

Напомним, ранее сообщалось, что каждый десятый житель Земли верит пророчеству древних индейцев майя о том, что история человечества окончится в 2012 году, и ожидает к концу текущего года апокалипсиса."

Как и следовало ожидать никакого конца света не наступило.

И, как всегда, в подобных случаях пророки будут говорить о некоторых изменениях, происшедших в Высших Силах, направленных на то, чтобы дать человечеству еще раз шанс на выживание.

Приведем список предсказаний, позаимствованный из [3], и их результаты в действительности.

Священное предание

Что предсказано: Наибольший интерес всегда вызывало Откровение Иоанна Богослова, где описаны катаклизмы (град и огонь, падение звёзд с неба, Великое землетрясение и проч.), предшествующие Второму пришествию Христа. Оккультные общества «назначали» конец света на 666, 900, 999, 1000, 1492, 1666, 1844, 1900 гг.

Что было: Под влиянием пророчеств люди поддавались панике, продавали имущество, оставляли работу. В России в ноябре 1900 г. секта «Красная Смерть» устроила массовое самоубийство. Около 100 человек заперлись в доме и подожгли себя.

Йоханнес Штоффер, немецкий астролог

Что предсказано: Масштабное наводнение должно накрыть почти всю сушу 20 февраля 1524 г.

Что было: Когда в 1524 г. никакого катаклизма не случилось, Штоффер ещё пару раз переносил дату конца света, ссылаясь на возможные неточные расчёты. В конце концов на его предсказания перестали обращать внимание.

Альберт Порта, американский метеоролог

Что предсказано: Гибель Земли как следствие парада планет 17 декабря 1919 г. Согласно расчётам Порта, из-за того что шесть планет выстроятся в один ряд, на Солнце начнутся мощные вспышки, и наша планета будет сожжена.

Что было: Впоследствии, когда катастрофы не произошло, Альберт Порта признал свою ошибку и принёс публичные извинения.

Чарльз Лонг, американский священник

Что предсказано: Ещё одно сожжение Земли. Лонг назвал время катастрофы с точностью до минуты - 5.33 утра 21 сентября 1945 г. Якобы ему было откровение, что в этот момент Земля испарится, а всё человечество превратится в эктоплазму - вязкую субстанцию. Священник изложил своё пророчество в трактате.

Что было: Последователи Лонга за неделю до назначенного апокалипсиса отказывались от пищи, воды и сна. О числе жертв ничего не известно.

«Аум Синрикё», религиозная японская организация

Что предсказано: Глава секты Сёко Асахара заявлял, что Армагеддон случится в 1997 г., и призывал всех верующих готовиться к новой жизни. По его пророчествам, человечество прекратит своё существование, за исключением избранных - тех, кто сможет достигнуть состояния «аум».

Что было: Секта активно готовилась к концу света, у неё были подпольные заводы по производству боевых отравляющих веществ, бактериологического оружия. В марте 1995 г. последователи Асахары распылили в токийском метро газ зарин. 12 человек погибли, 54 получили тяжёлые отравления. Сёко Асахара приговорён к смертной казни через повешение, до сих пор не казнён.

Календарь майя

Что предсказано: В середине XX века в мексиканском городишке Тортугеро нашли надпись на каменной панели, состоящую из сплошных дат. В этом каменном календаре, составленном жрецами майя, описано 13 больших циклов. Последний из них должен завершиться 21 декабря 2012 г., что и вызвало предположение о дате конца света.

Что будет: Поживём - увидим…

Большой адронный коллайдер

Что предсказано: Некоторые специалисты и общественные деятели опасались, что в результате экспериментов на БАК возникнет чёрная дыра или антиматерия, которые уничтожат планету.

Что было: Запуск несколько раз был перенесён из-за неполадок. На установке уже сделаны значимые научные открытия. Физики успокаивают: Земля постоянно бомбардируется космическими частицами с большей энергией, чем в коллайдере.

Гарольд Кэмпинг, американский проповедник

Что предсказано: По-своему толкуя Библию, «назначил» наступление Судного дня на 21 мая 2011 г. Планету ожидали стихийные бедствия и уничтожение.

Что было: Когда предсказание не сбылось, Кэмпинг заявил, что Судный день на самом деле наступил - но не физически, а духовно.

Затем передвинул дату на полгода вперёд. В 2011 г. пророку присуждена Шнобелевская премия - за «математические предсказания конца света».

Комментарии, как говорится, излишни.

Таким образом многочисленная армия пророков в своих предсказаниях реализует свое мифотворчество, которое никому никакой пользы не приносит.

Литература

1. Конец света продлится две недели, http://livesmi.com/another/6747-konec-sveta-prodlitsya-dve-nedeli,full.html?fr=b1&56565588944
2. Археологи нашли новый календарь Майя с датой конца света, http://www.aif.ru/techno/news/150293
3. Судный день Земли назначается регулярно, но все время переносится, http://www.aif.ru/society/article/56887

Серия: **ФИЗИКА И АСТРОНОМИЯ**

Елкин И.В.

Красное смещение – истинная причина. Метрика Вселенной (часть 1).

Аннотация

Почему-то многие не знают, другие забывают то, с чего начинается механика. Например, Эйнштейн знал и понимал и поэтому свой труд начал именно с этого вопроса – понятия одновременности и синхронизации часов. Но не учел некоторые возможности. Здесь они учтены. Это позволяет оценить одностороннюю скорость света, и получить мерический тензор для описания Вселенной.

Оглавление

Красное смещение – истинная причина

Для начала хотелось напомнить, как Эйнштейн пришел к постулированию неизменности скорости света в любую сторону. Весь секрет в принятой синхронизации часов, которая как считалось, делает необнаружимой разницу односторонних скоростей света. Так как синхронизация сводится к отправлению из некоторой точки (с временем на часах "0") синхронизирующего светового сигнала и с приходом этого сигнала в другую синхронизируемую точку установкой в этой точке времени на часах. Время же на часах в этой "другой" точке устанавливается равным половине времени прохождения сигналом пути до этой "другой" точки (из начальной точки) и пути возвращения отражённого сигнала в исходную точку. Поэтому становится не важно с какой односторонней скоростью двигался световой сигнал в каждую сторону, а важной становится только средняя скорость. Построенная на этой синхронизации часов процедура измерения длины позволила многие эксперименты, в которых возможны разные односторонние скорости света, свести к аналогичным экспериментам с двухсторонними скоростями света. И Эйнштейн предположил, что, раз эксперименты сводятся к двухсторонним скоростям света и зависимости от односторонних скоростей света нет, то и смысла их рассматривать нет. Тогда и был введён постулат, смысл которого в том, что все односторонние скорости света равны и равны двухсторонней скорости света.

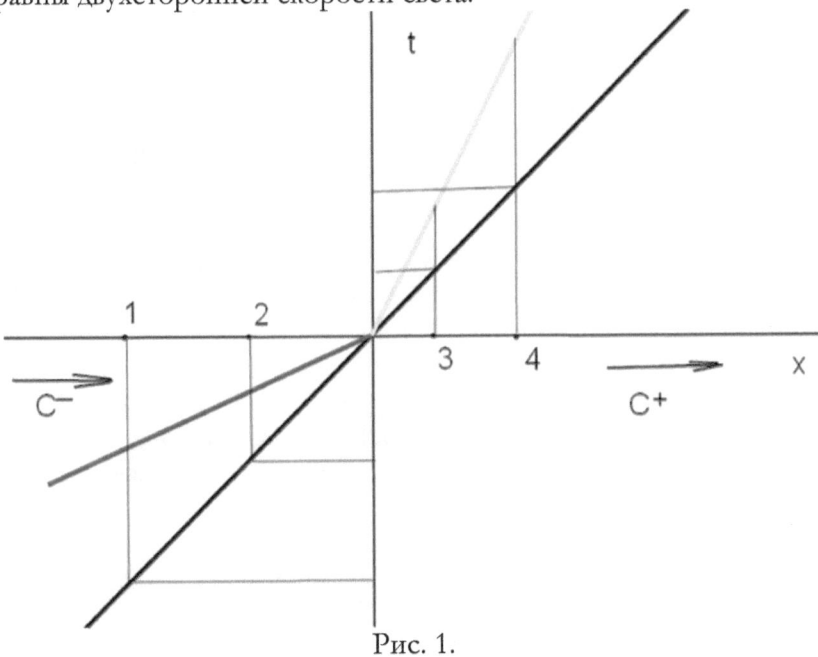

Рис. 1.

Лучше всего видно, как при синхронизации часов изменяются характеристики движения светового сигнала на пространственно-временной диаграме в координатах времени **t** и расстояния **x.** Движение светового сигнала с односторонними скоростями изображено красным и зелёным цветом. Например, берём контрольные точки 1, 2, 3, 4. При достижении этих точек сигналом время на часах устанавливается такое, как если бы сигнал шёл с двухсторонней скоростью. Поэтому по синхронизированным таким образом часам мы видим движение уже по чёрной линии. А эта чёрная линия в точности совпадает с движением сигнала с двухсторонней скоростью света. На этом и основан постулат Эйнштейна.

Попробуем получить с помощью разных односторонних скоростей света ("к наблюдателю" и "от наблюдателя") общеизвестный экспериментальный факт, а именно: от удалённой галактики спектр излучения приходит смещённым в красную сторону, и чем эта галактика дальше, тем смещение больше.

Рассмотрим нашу и некую дальнюю галактику. Считаем, что двухсторонние скорости света везде неизменны, значит и излучение в этих двух галактиках с точки зрения двухсторонней скорости света неизменно и имеет одну длину волны, обозначим её ΔL. На самом деле, ведь двухсторонней скоростью света измеряется метр. Поэтому даже при изменении этой скорости света изменится и метр, и обнаружить это изменение, будет невозможно. Теперь считаем, что свет, идущий в нашу сторону в районе дальней галактики, движется с односторонней скоростью , где c – это двухсторонняя скорость света.

Разница во времени прихода переднего и заднего фронта волны, но, как известно, на Земле мы воспринимаем это время, как прохождение световым сигналом некоторого пути с двухсторонней скоростью света. Или на не больших расстояниях односторонние скорости света на много меньше отличаются от двухсторонних скоростей света, чем на больших расстояниях. Поэтому мы на Земле считаем, что длина волны светового сигнала . То есть длина волны увеличилась. Соответственно частота уменьшилась – **получили "Красное смещение"**.

Данные исследований помогут оценить одностороннюю скорость света на расстоянии в 1 мегапарсек. По оценке космологов примерно: **$c^- = c - 70$ км/сек**

Теперь обозначим
$$k = \frac{c^-}{c^+}$$

Тогда найдём соотношения на пути **h**: $T_1 = \frac{h}{c^-}$, $T_2 = \frac{h}{c^+}$.
Тогда средняя скорость на пути **2h**:

$$c = \frac{2h}{T_1 + T_2} = \frac{2c^- c^+}{c^+ + c^-},$$

$$c = c^- \frac{2}{1+k} = c^+ \frac{2k}{1+k}$$

(1)

или

$$(1 + k) = 2\frac{c^-}{c} = 2\left(1 - \frac{70}{300000}\right)$$

или, примерно, **$k = 1 - 0{,}0005$** .

Не получили пока зависимости смещения от расстояния. Оно выводится не многим сложнее.

Вспомним, что введённая Пуанкаре, а затем видоизменённая Эйнштейном синхронизация часов использует двухстороннюю скорость света в качестве синхронизирующего сигнала. Хоть у Эйнштейна и написано, что можно использовать любой сигнал, но скорость же должна считаться неизменной или как-то измеряться. Поэтому в любом случае установка часов в итоге сводится к синхронизации световым сигналом с двухсторонней скоростью.

Полученная так элементарно зависимость длины волны принимаемого сигнала от односторонней скорости света позволяет усомниться в том, что на результат любого эксперимента не повлияют односторонние скорости света и можно вводить в любом случае двухстороннюю скорость света. Так как это предположение может быть чревато большими просчётами, а так же возможна потеря истинных причин событий, что, видимо, и происходит в физике. А так как установление "одновременности" в двух точках – это договорённость, то определим синхронизацию следующим образом.

СИНХРОНИЗАЦИЯ: считаем, что с выходом светового сигнала (или сигнала аналогичного световому) устанавливается ноль и с приходом светового сигнала устанавливается ноль в соответствующей точке – для данного процесса.

Под процессом надо понимать движение в какую-то одну сторону. Тогда возникает необходимость рассматривать все процессы отдельно друг от друга.

Эта синхронизация меняет понятие одновременности, а вместе с этим меняет и вид координаты времени. А раз координата времени изменилась, то меняется и вид интервала, а вместе с этим вид метрического тензора. Это может означать, что меняется и пространственная метрика. Попробуем исследовать этот вопрос.

Новая координата времени. Метрика Вселенной (часть 1).

Рассматриваем с точки зрения новой синхронизации. Если обозначить материальную точку в начале координат - M_0, а другую произвольную точку - M_1, то координата времени точки M_1 - t_{M1} будет зависеть от направления сигнала, следующим образом:

1) $t_{M1} = t_{M0} - \left(\dfrac{R^+}{c^+}\right)$ - в случае отправления сигнала из M_0 в M_1.

2) $t_{M1} = -t_{M0} + \left(\dfrac{R^-}{c^-}\right)$ - в случае отправления сигнала из M_1 в M_0,

где

c^+ и c^- соответственно скорости света в определённую сторону, t_{M0} - координата времени точки M_0.

НЕМНОГО ПОЯСНЮ: понятно, что в 1) из привычного рассмотрения времени в точке M_1 просто убирается время на преодоление светом расстояния между точками. Аналогично и в 2), только в этом случае привычное нам время в точке M_0 берётся с минусом, так как в случае более медленного синхронизирующего сигнала, чем световой – получаем об объекте информацию из более глубокого прошлого.

R^+ и R^- – евклидово расстояние (длина) между рассматриваемыми точками, в единицах отложенных соответственно скоростями c^+ и c^-.

R – длина, в единицах отложенных двухсторонней скоростью c. Для простоты обозначим $t_{M1}=q_x$, а $t_{M0}=q$. Тогда

1) $q_x = q - \left(\dfrac{R^+}{c^+}\right)$ движение от нуля,

2) $q_x = -q + \left(\dfrac{R^-}{c^-}\right)$ движение к нулю.

Рассмотрим пока только движение в сторону нуля. Предположим существует зависимость односторонней скорости света от координаты x. Будем искать эту зависимость в виде:

$$\frac{c^-}{c} = f(x^-) \tag{2}$$

Координата x отложена двухсторонней скоростью света, координата x^- - отложена односторонней скоростью света на приближение. Для пространства Минковского в двухсторонних скоростях света известен интервал в виде

$$dS^2 = c^2 dt^2 - dx^2 \tag{3}$$

$$dx = \frac{c\,c^-}{c\,c^-}dx = \left(\frac{c^- dx}{c}\right)\frac{c}{c^-} = \frac{c}{c^-}dx^- = \frac{dx^-}{f} \tag{4}$$

В выражении $q_x = -q + \dfrac{x^-}{c^-}$ для пространства событий (соответствующего пространству Минковского) буква q обозначает время в точке наблюдения, то есть t, а значит тогда в координатах односторонней скорости света время:

$$t = \left(\frac{x^-}{c^-}\right) - q_x = \frac{1}{f}\frac{x^-}{c} - q_x$$

или

$$dt = -\frac{f'}{f^2}dx^- \frac{x^-}{c} + \frac{1}{f}\frac{dx^-}{c} - dq_x$$

(5)

Подставим в (3) выражения (4) и (5). При этом учтём введённую нами синхронизацию часов, которая даёт на всём пути светового сигнала неизменную q_x, поэтому и $dq_x = 0$

$$dS^2 = c^2(\frac{1}{f}\frac{dx^-}{c})^2(1-\frac{f'}{f}x^-)^2 - (\frac{dx^-}{f})^2 \; ,$$

$$dS^2 = \frac{1}{f^2}(dx^-)^2\frac{f'}{f^2}(x^-)[(x^-f'-f]$$

(6)

Будем искать решение по методу бритвы Оккамы. Ясно, что наиболее простой вид интервала в случае: $f' = A = const$, замечу, что тогда формулу $f = Ax^- + B$, где $B = const$, легко представить в виде несколько изменённого закона Хаббла, но легко объяснимого для случая разных односторонних скоростей света. Этот закон выполняется в случае $A = -\frac{H}{c^2}$ и $B = 1$, где H – постоянная Хаббла. То есть односторонняя скорость света уменьшается с увеличением расстояния или

$$f = 1 - \frac{H}{c^2}x^-$$

Скобка в формуле интервала упростится так:

$$[(x^-f'-2f] = -2\frac{H}{c^2}x^- - 2 + \frac{H}{c^2}x^- = -(2-\frac{H}{c^2}x^-)$$

Сам интервал тогда будет содержать только пространственные составляющие, то есть будет метрикой пространства по данному направлению

$$[(x^-)f'-f] = -\frac{H}{c}x^- - 1 + \frac{H}{c}x^- = -1$$

$$dr^2 = \frac{H}{c^2}(x^-)\frac{(2-\frac{H}{c^2}x^-)(dx^-)^2}{[1-\frac{H}{c^2}(x^-)]^4}$$

(7)

Понятно, что теорема Пифагора не работает, то есть односторонняя метрика в односторонних координатах – неевклидова. Эта метрика имеет вид метрики пространства, описываемого геометрией Лобачевского.

Формула (1) показывает, что односторонние скорости света связаны с двухсторонней скоростью света не симметрично. Поэтому метрики будут разные по направлению "от наблюдателя" и "к наблюдателю". Неевклидовость метрики объясняет изменения односторонней скорости света. Так как метр в пространстве с неевклидовой метрикой не является инвариантом. То есть отрезки пути светового сигнала одинаковые для пространства с неевклидовой метрикой, будут различной длины, так как длина – это евклидова метрика. А свет, конечно же, при движении может использовать только свойства самого пространства (с неевклидовой метрикой), а не глупые установки учёных, которые требуют от света неизменной скорости в метрике чужого пространства.

ВЫВОДЫ

1) Из предположения, что скорость света в сторону приближения меньше, чем средняя скорость света – получено "Красное смещение".

2) Раз получили зависимость "Красного смещения" от величины односторонней скорости света в сторону приближения, значит постулировать равенство всех односторонних скоростей света двух сторонней скорости света – нельзя. Поэтому приходится ввести новую синхронизацию часов.

3) Из новой синхронизации часов получаем новую координату времени. Эта координата дает новый интервал для каждой односторонней скорости света.

4) Это позволяет объяснить изменение "Красного смещения с расстоянием".

5) Разные метрики для пространства при движении светового сигнала от наблюдателя и к наблюдателю говорят о том, что наше пространство в каждом случае движения описывается разной геометрией.

6) Эта теория не отвергает СТО, а только ограничивает область её применения. Ведь на малых расстояниях вклад от закона Хаббла ничтожен и им можно пренебречь. Тогда модель СТО вполне может быть применима, так как разница у односторонних скоростей света на малых расстояниях становится ничтожной.

Серия: ФИЗИКА И АСТРОНОМИЯ

Елкин И.В.

Метрика Вселенной (часть 2). Истинные причины сокращения размера и отрицательного результата эксперимента Майкельсона-Морли

Аннотация

В данной статье о метрике Вселенной используется метрика, полученная в предыдущей статье (см. данный сборник), для того, чтобы доказать необходимость рассмотрения механики только с точки зрения односторонних скоростей. Для этого было математически получено обоснование физического смысла сокращения размера тела в сторону движения. То есть и эксперимента Майкельсона-Морли, которым очень гордятся последователи СТО, но который объясняется не обоснованным с точки зрения физического смысла (то есть голословным) — сокращением пространства, а то есть и длины тела.

В этой статье о метрике Вселенной используется метрика, полученная в предыдущей статье (см. данный сборник), для того, чтобы доказать необходимость рассмотрения механики только с точки зрения односторонних скоростей. Для этого было математически получено обоснование физического смысла сокращения размера тела в сторону движения. То есть и эксперимента Майкельсона-Морли, которым очень гордятся последователи СТО, но который объясняется не обоснованным с точки зрения физического смысла (то есть голословным) — сокращением пространства, а то есть и длины тела. В предыдущей статье — в результате введения новой синхронизации часов и рассмотрения разных односторонних скоростей света "к наблюдателю" и "от наблюдателя" была получена пространственная метрика Вселенной.

Формулы элементарные и после упрощения быстро переходят в очень короткие и понятные, поэтому их первоначальный длинный и скучный вид не должен отталкивать.

Напомню кратко. Были получены формулы:

$$dt = -\frac{f'}{f^2}(dx^-)\frac{x^-}{c} + \frac{dx^-}{fc} - dq_x \tag{1}$$

$$dx = \frac{cc^-}{cc}dx = \frac{c^-dx}{c}\frac{c}{c^-} = \frac{dx^-}{f} \tag{2}$$

где

C - односторонняя скорость света "к наблюдателю",

$$\frac{c^-}{c} = f(x^-)$$

- зависимость односторонней скорости света от координаты **x.**

координата **x** - отложена двухсторонней скоростью света,

координата x^- - отложена односторонней скоростью света на приближение,

q - обозначает время в точке наблюдателя,

q_x - обозначает время в наблюдаемой точке.

Выражение интервала:

$$dS^2 = c^2dt^2 - dx^2 \tag{3}$$

Ели подставить (1), (2) в (3), то получим интервал в односторонних скоростях:

$$dS^2 = c^2 dq_x^2 - c^2(\frac{1}{fc} - \frac{f'}{f^2}\frac{x^-}{c})dx^- dq_x + \frac{1}{f^2}(dx^-)^2\frac{f'}{f^2}(x^-)[(x^-)f' - 2f]$$

или

$$dS^2 = cdq_x^2[c - \frac{dx^-}{dq_x}\frac{1}{f}(1 - \frac{f'}{f}(x^-)] + (dx^-)^2\frac{f'}{f^4}(x^-)[(x^-)f' - 2f] \tag{4}$$

С учётом

$$f = 1 - \frac{H}{c^2}(x^-) \tag{5}$$

$$dS^2 = cdq_x^2(c - \frac{dx}{dq_x}\frac{1}{[1 - \frac{H}{c^2}(x^-)]^2}) + \frac{H}{c^2}(x^-)\frac{(dx^-)^2(2 - \frac{H}{c^2}(x^-))}{[1 - \frac{H}{c^2}(x^-)]^4} \tag{6}$$

Эта длинная формула только показывает, что на больших расстояниях пространственная метрика Лобачевского.

Не трудно проверить, что для скорости света к наблюдателю получится аналогичная формула (только пространственная координата будет x^+ и задана она скоростью света на удаление).

С разбеганием галактик разобрались в первой статье (ссылка в начале). Понятно, что на красное смещение влияет только величина односторонней скорости света. А всеобщего разбегания, естественно, нет.

Теперь интересует эксперимент Майкельсона-Морли и физический смысл сокращения размера при движении. Ведь СТО не даёт физических причин сокращения и физического смысла этого сокращения и совершенно непонятно – зачем вдруг телам (и пространству) сокращать свои размеры. Даже измерением из другого ИСО это не объяснить, так как процедура измерения длины Эйнштейна это не даст сделать.

На малых расстояниях вид интервала упрощается:

$$dS^2 = cdq_x^2 \left(c - \frac{dx^-}{dq_x}\right) + a*(x^-)*(dx^-)^2$$

(7)

где
$$a = \frac{H}{c^2}$$

Тогда пространственная часть интервала даст пространственную метрику (будем использовать вместо x^- обозначение x):

$$dr^2 = axdx^2$$ или

a - масштабный множитель (понятно, что его в дальнейшем можно положить равным единице).

$$dr = \sqrt{x}dx$$

(8)

Эта формула показывает, какая в действительности метрика должна рассматриваться на малых расстояниях. Размерности учитывает единичный масштабный множитель.

Сама формула означает, что метрика, то есть расстояние между двумя точками, равна $\sqrt{x}$ штук единиц одинаковых промежутков координат или то же самое – единиц измерения координат односторонней скоростью света. При условии, что одна точка находится в начале координат с координатой $x = 0$, а другая точка имеет координату x.

Естественно, не будем повторять рассуждения (все отрезки пути светового сигнала описаны в тысячах работ), а запишем сразу уравнение со световыми часами, движущимися от наблюдателя со скоростью U. Координата измерена соответствующей односторонней скоростью света, тогда **учтём формулу (8) для каждого отрезка** (длина часов **L**):

$$\sqrt{ct_1} = \sqrt{Ut_1} + \sqrt{L}$$

Понятно, что все значения берутся по абсолютной величине или

$$t_1 = \frac{L}{(\sqrt{c}-\sqrt{V})^2},$$

по аналогии при движении в другую сторону

$$t_2 = \frac{L}{(\sqrt{c}+\sqrt{V})^2},$$

общее время движения сигнала

$$t = t_1 + t_2 = \frac{2L}{(c-U)}\frac{(c+U)}{(c-U)}$$

(9)

Теперь аналогично рассмотрим известное уравнение с поперечным расположением световых часов:

$$\sqrt{L^2} = \sqrt{(ct_3)^2} - \sqrt{(Ut_3)^2}$$

Отсюда общее время

$$t = t_1 + t_2 = \frac{2L}{(c-U)}\frac{(c+U)}{(c-U)}$$

(10)

Видим, что общее время формула (9) и формула (10) отличается на множитель

$$N = \frac{(c+U)}{(c-U)}$$

(11)

Можно также, как и в СТО, начать врать, что это свойство пространства, и оно неведомыми путями сокращается и вместе с пространством сокращается **L**, а можно посмотреть, что нам даст временная часть интервала (7), ведь мы рассматриваем как раз время в пути.

Понятно, что интервал (7) на небольших, по космологическим меркам, расстояниях и при постоянной скорости U движения зеркала (движения ИСО) временная часть интервала будет

$$dq^2 = cdq_x{}^2(c - U),$$

что даст (на приближение)

$$dq_- = dq_x\sqrt{c(c - U)}$$ (12)

Понятно так же, что тот же временной интервал со скоростью света на удаление дает

$$dq_+ = dq_x\sqrt{c(c + U)}$$ (13)

Так же понятно, что рассматривается в каждом случае движение светового сигнала и движение другой ИСО, поэтому для случая с экспериментом со световыми часами (или что тоже самое –с экспериментом Майкельсона-Морли), необходимые нам интевалы будут выглядеть так:

$$dq_1 = dq_x\sqrt{c(c + U)}$$ (14)

$$dq_2 = dq_x\frac{1}{\sqrt{c(c-U)}}$$ (15)

А формула, описывающее время полного прохождения сигнала будет (расписывать не буду – это и так понятно):

$$dq_{sum} = dq_x\frac{\sqrt{c(c+U)}}{\sqrt{c(c-U)}} = dq_x\frac{\sqrt{c+U}}{\sqrt{c-U}}$$ (16)

То есть, оказывается есть увеличение единицы времени по направлению движения в движущейся ИСО.

А так как есть такое изменение, и есть определение метра, связанное с единицей времени. Получается, что и метр в движущейся ИСО увеличивается в соответствующее число раз, поэтому этих метров наши световые часы вмещают меньше (соответственно и плечо в эксперименте Майкельсона-Морли). То есть

$$L' = L\frac{\sqrt{c-U}}{\sqrt{c+U}}$$ (17)

Поэтому, если в формуле (9) вместо **L** написать **L'** и подставить значение по формуле (17), то останется множитель

$$n = \frac{\sqrt{c+U}}{\sqrt{c-U}}$$ (18)

На него отличаются значения времени прохождения световым сигналом пути в продольном и поперечном направлении. И этот множитель объясняется отличием временной метрики в продольном и поперечном направлении. То есть без выдуманного, без причинного "сокращения пространства" можно легко объяснить отличие времени прохождения световым сигналом продольного и поперечного направления. И краткое объяснение: в ИСО движущемся со скоростью U относительно неподвижного наблюдателя наблюдается анизотропия временной метрики в сторону движения. Ведь измерять то неподвижный наблюдатель пытается в движущемся ИСО. А только в Эйнштейновском варианте пространства событий положение наблюдателя не влияет, в нашем варианте приходится положение учитывать.

За счет анизотропии временной метрики возникает анизотропия метрических единиц для измерения в этом ИСО с точки зрения неподвижного наблюдателя (ведь метр измеряют скоростью света и временем). Оба этих фактора и дают отличие во времени прохождения сигналом продольного и поперечного пути в световых часах (и соответственно в эксперименте Майкельсона-Морли) с точки зрения неподвижного наблюдателя. Понятно, что при этом наблюдатель, движущийся вместе с часами отличий во времени движения сигнала не наблюдает.

Серия: **ФИЗИКА И АСТРОНОМИЯ**

Хмельник С.И.

Безопорное движение
без нарушения физических законов

Аннотация

Рассматриваются умозрительные эксперименты с зарядами и токами, которые демонстрируют нарушение третьего закона Ньютона, т.е. возможность безопорного движения. Показывается, что эти эксперименты не нарушают закон сохрания импульса. Описывается конструкция, в которой электрические заряды приводятся во вращение. Показывается, что при этом конструкция совершает поступательное безопорное движение. Описываются математическая модель и результаты эксперимента с математической моделью конструкции. Даются некоторые рекомендации по реализации конструкции.

Оглавление

1. Вступление

Безопорное движение обычно считается невозможным в силу того, что оно нарушает третий закон Ньютона и следующий из него (в механике) закон сохранения импульса. Последний является более общим для физики законом. В электродинамике этот закон учитывает также импульс электромагнитной волны и поэтому импульсы материальных тел, взаимодействующих с волной, в сумме оказываются не равными нулю [1].

В [2] рассматривается взаимодействие электрических зарядов, и доказывается, что при этом возможны случаи, когда нарушается закон сохрания импульса в механике. Ниже описываются основанные на этом эксперименты, которые демонстрируют безопорное движение.

2. Взаимодействие движущихся электрических зарядов

Рассмотрим два заряда q_1 и q_2, движущиеся со скоростями v_1 и v_2 соответственно. Известно [2], что индуция поля, создаваемого зарядом q_1 в точке, где в данный момент находится заряд q_2, равна (здесь и далее используется система СГС)

$$\overline{B_1} = q_1 \left(\overline{v_1} \times \overline{r} \right) \Big/ cr^3 . \tag{1}$$

При этом вектор $\overline{r}$ направлен из точки, где находится движущийся заряд q_1. Сила Лоренца, действующая на заряд q_2,

$$\overline{F_{12}} = q_2 \left(\overline{v_2} \times \overline{B_1} \right) \Big/ c . \tag{2}$$

или

$$\overline{F_{12}} = q_1 q_2 \left(\overline{v_2} \times \left(\overline{v_1} \times \overline{r} \right) \right) \Big/ \left(c^2 r^3 \right) \tag{3}$$

Аналогично,

$$\overline{B_2} = -q_2 \left(\overline{v_2} \times \overline{r} \right) \Big/ cr^3 , \tag{4}$$

$$\overline{F_{21}} = q_1 \left(\overline{v_1} \times \overline{B_2} \right) \Big/ c \tag{5}$$

или

$$\overline{F_{21}} = -q_1 q_2 \left(\overline{v_1} \times \left(\overline{v_2} \times \overline{r} \right) \right) \Big/ \left(c^2 r^3 \right) \tag{6}$$

Здесь знак минус появляется из-за того, что вектор остался прежним.

В общем случае $\overline{F_{12}} \neq \overline{F_{21}}$, т.е. не соблюдается третий закон Ньютона – возникают неуравновешенные силы, действующие на заряды q_1 и q_2 и искривляющие траектории движения этих зарядов.

Если заряды q_1 и q_2 <u>в процессе движения не покидают некоторую общую конструкцию</u>, то на нее действует сила

$$\overline{F} = \overline{F_{12}} + \overline{F_{21}} \tag{7}$$

или

$$\overline{F} = \frac{q_1 q_2}{c^2 r^3} \left(\left(\overline{v_2} \times \left(\overline{v_1} \times \overline{r} \right) \right) - \left(\overline{v_1} \times \left(\overline{v_2} \times \overline{r} \right) \right) \right). \tag{8}$$

Эта сила может перемещать конструкцию. Можно предположить, что такие силы обеспечивают полет шаровой молнии.

3. Первый эксперимент

Рассмотрим два заряда q_1 и q_2, которые вращаются с постоянными скоростями $v_1 = v_2$ по взаимно-перпендикулярным круговым орбитам - см. рис. 1. Вращение начинается из положения, указанного на рис. 1, и обеспечивается механическими силами внутри данной констукции.

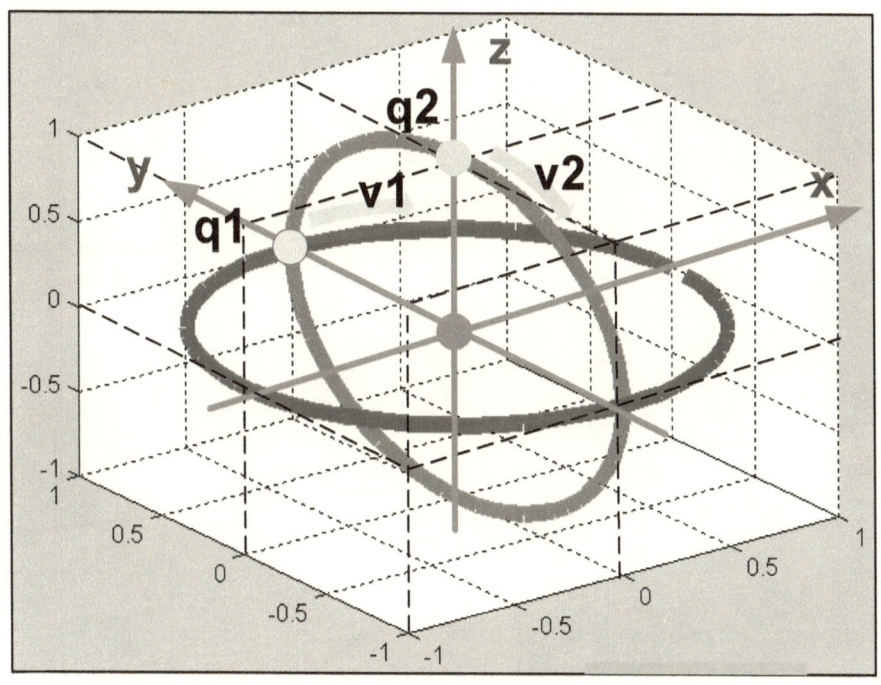

Рис. 1.

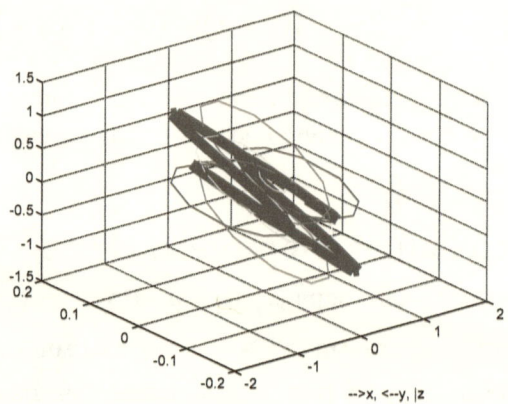

Рис. 2.

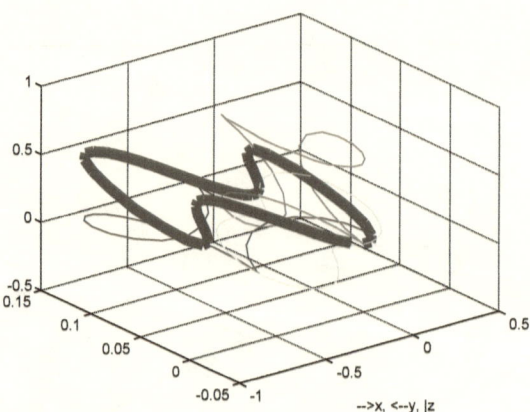

Рис. 3.

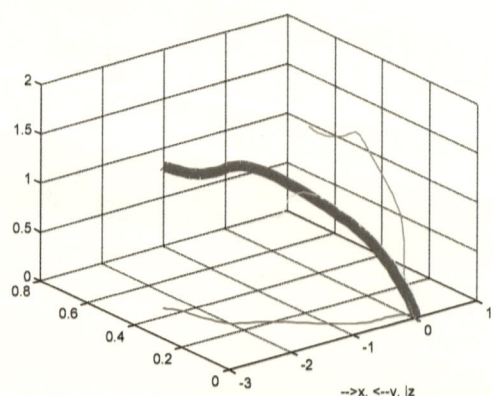

Рис. 4.

По формуле (8) может быть найдена сила, действующая на эту конструкцию в целом. На рис. 2 показан пространственный график изменения этой силы в течение времени одного оборота зарядов (толстая линия) и проекции этого графика на координатные плоскости (тонкие линии). Здесь и далее проекции обозначены линиями так: зеленая – xz, синяя – xy, красная –yz; под рисунком указаны направления осей.

При известной силе и при данных нулевых начальных значениях находятся скорость и траектория конструкции за тот же период – см. рис. 3 и рис. 4 соответственно. За этот период конструкция смещается на некоторое расстояние Rmax=2.8. На рис. 5 показана траектория конструкции за два периода, когда она смещается на некоторое расстояние Rmax=5.6.

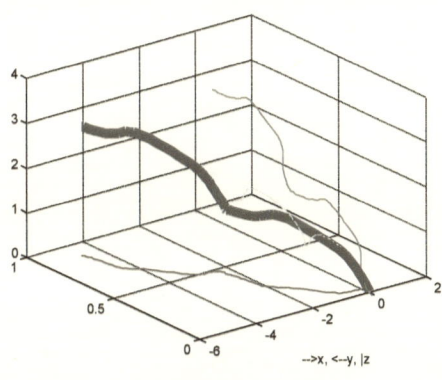

Рис. 5.

4. Второй эксперимент

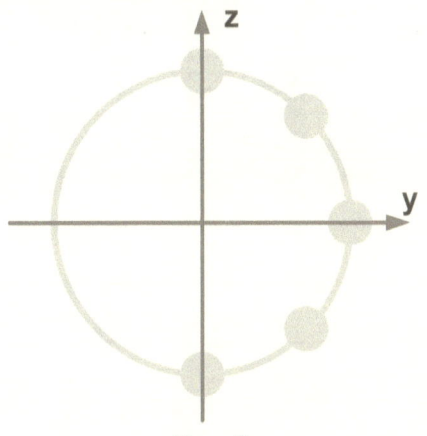

Рис. 5a.

В конструкции, изображенной на рис. 1, на каждой окружности располагался один заряд. Теперь рассмотрим конструкцию, в которой на каждой окружности располагается несколько зарядов, но все они сосредоточены в одной полуокружности и распределены равномерно по полуокружности – см. рис. 5a. Здесь также по формуле (8) может быть найдена сила, действующая на эту конструкцию в целом. При этом оказывается, что <u>вектор этой силы лежит на плоскости</u> xoz <u>при любом количестве зарядов</u> $a > 1$. Вектор скорости и траектория также лежат на плоскости xoz. На рис. 6 для примера показана траектория конструкции за один период для случая, когда конструкция содержит по 5 зарядов на каждой окружности.

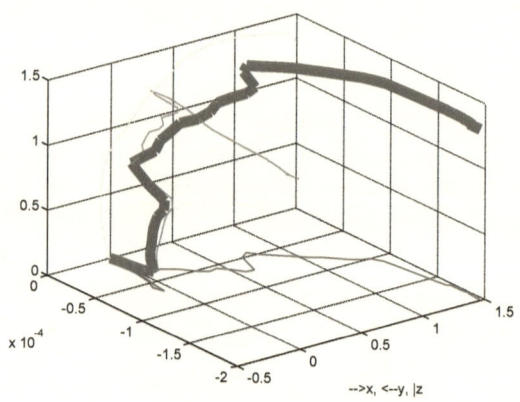

Рис. 6.

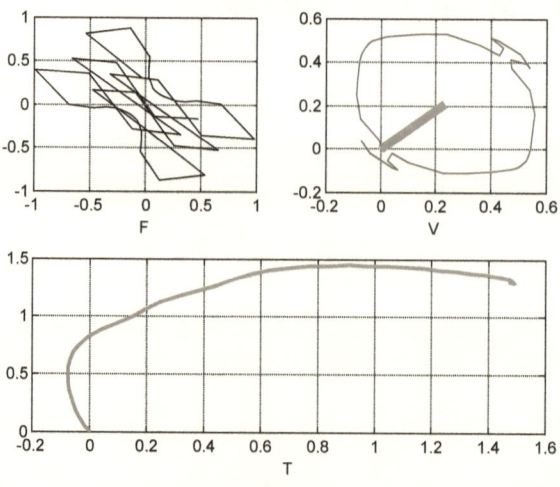

Рис. 7.

На рис. 7 показаны для того же случая графики изменения силы (окно F) и скорости (окно V) в течение времени одного оборота зарядов и траектория конструкции (окно T) в координатах xoz. На этом и следующих рисунках предполагается, что ось ox направлена по гризонтали, а ось oz — по вертикали.

На рис. 7 видно, что за один период конструкция смещается на некоторое расстояние Rmax=2 . На рис. 8 показаны те же графики для той же конструкции за два периода. Видно, что при этом конструкция смещается на расстояние Rmax=4 .

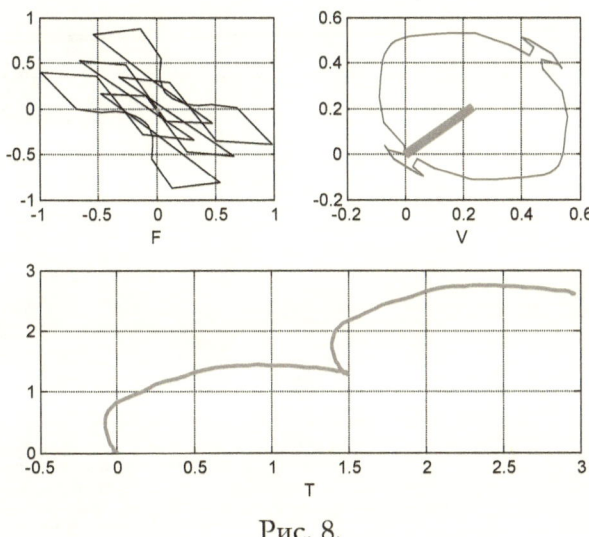

Рис. 8.

На рис. 9 и рис. 10 показаны те же графики за два периода для конструкций, содержащих 15 и 25 зарадов сответственно. Для всех конструкций величина одного заряда принимается равной $q = 1/a$. Видно, что при этом условии графики изменения силы и скорости не зависят от количества зарядов, а траектории практически не зависят от количества зарядов. Таким образом, такая конструкция при увеличении количества зарядов "стремится" к конструкции с бесконечным числом зарядов. В ней линейная плотность распределения зарядов по длине l заряженной полуокружности равна $\dfrac{dq}{dl} = \dfrac{1}{\pi R}$. Что касается реализации такой конструкции, то заряды в ней должны соприкасаться, но не сливаться в сплошную полосу, поскольку функция плотности распределения зарядов вдоль полосы неравномерна (заряды скапливаются по краям полосы). Заряды в такой конструкции могут постоянно восставливаться от источника постоянного напряжения через щеточные контакты.

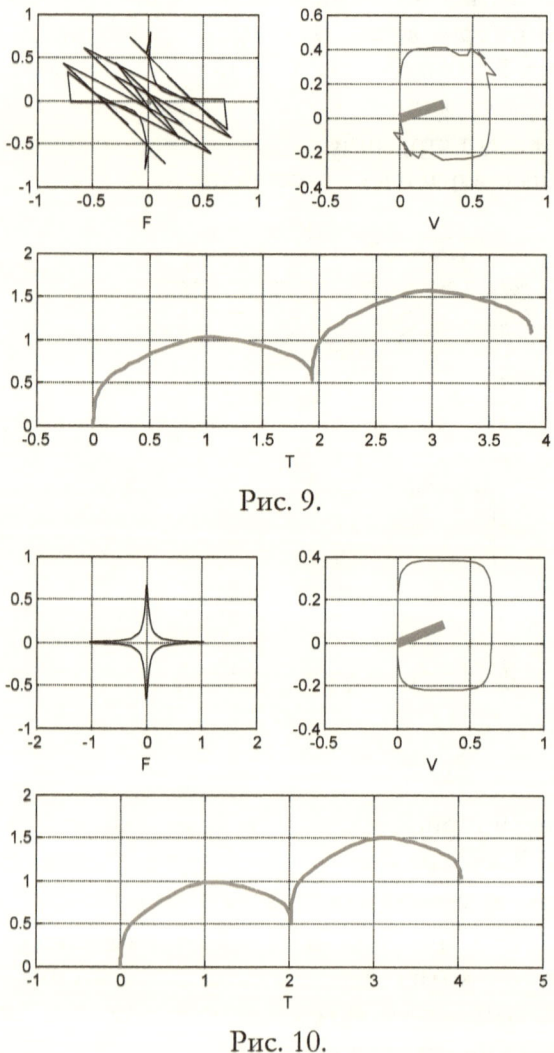

Рис. 9.

Рис. 10.

В заключение рассмотрим результаты расчета для тех же условий, которые использовались для расчета по рис. 9, но для 20 периодов – см. рис. 12. На этом рисунке красный вектор на годографе скорости изображает среднюю скорость $V_S \approx 0.32$ движения конструкции. За 20 периодов конструкция сместилась на расстояние $R \approx 40$.

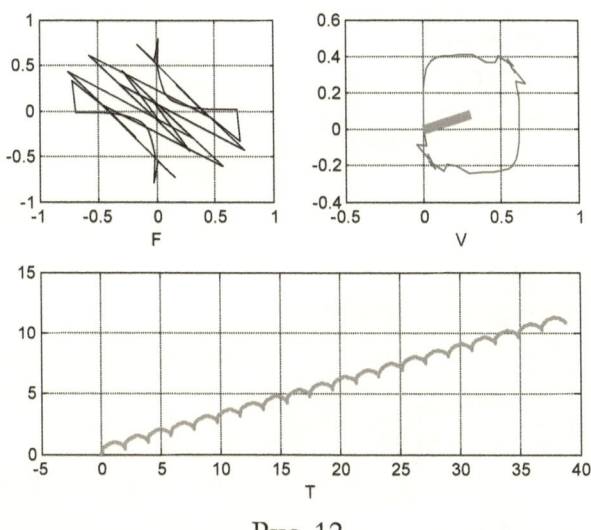

Рис. 12.

5. Параметры движения

Рассмотрим подробнее некоторые характеристики такого движения. При этом мы не будем учитывать энергию, необходимую для вращения конструкции с постоянной скоростью. На кинетическую мощность P, расходуемую конструкцией для движения конструкции в целом, среднюю скорость движения V_s и смещение R конструкции влияют

- скорость конструкции в целом $v = (v1, v2, v3)$,
- движущая сила $F = (f1, f2, f3)$, развиваемая конструкцией,
- количество оборотов N,
- частота вращения f или круговая частота вращения $\omega = 2\pi f$,
- радиус конструкции R_k,
- линейная скорость зарядов $v_o = R_k \omega$,
- суммарный заряд q_o,
- количество a зарядов, каждый из которых имеет величину q_o/a,
- масса конструкции m.

Можно показать, что при $a > 4$ количество a зарядов не влияет на параметры движения и

$$P = (v, F), \qquad (1)$$

$$V_s = (v_0, m, q, \omega), \qquad (2)$$

$$R = (N, v_0, m, q, \omega). \qquad (3)$$

На рис. 13 показаны графики изменения мгновенных значений параметров движения при $a = 5, N = 5, \omega = 1, v_0 = 1, q_0 = 1$. Здесь

T - траектория движения,

$x1, x3$ - координаты x, z в зависимости от времени,

V - годограф общей скорости и вектор средней скорости

F - годограф силы

$f1, f3$ - проекции силы f_x, f_z в зависимости от времени,

P - мгновенная мощность в зависимости от времени,

P_s - средняя мощность,

$v1, v3$ - проекции скорости v_x, v_z в зависимости от времени,

vm - амплитуда скорости

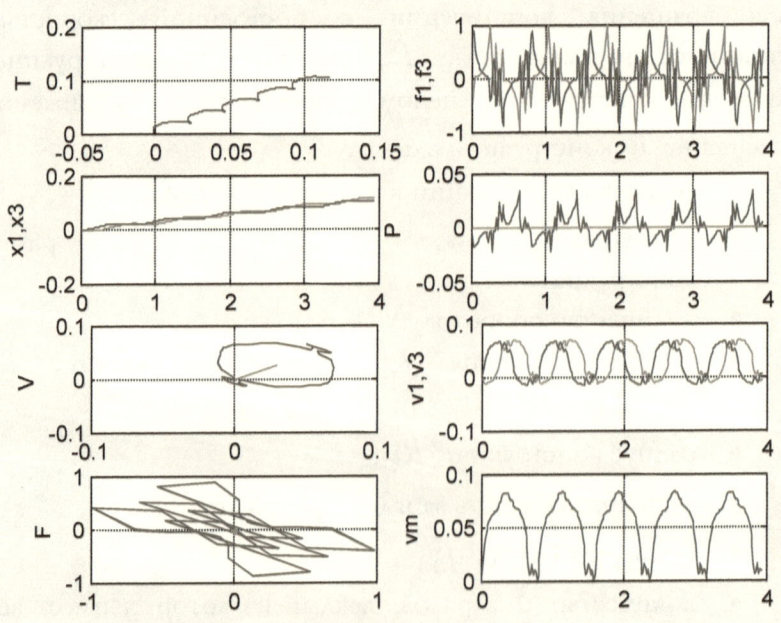

Рис. 13.

6. Сопротивление движению

На конструкцию всегда действует сила F_T сопротивления движению – трение или полезная нагрузка. Обычно такая сила пропорциональна мгновенной скорости V, т.е.

$$F_T \approx F_t \cdot V,\qquad(4)$$

где F_t - известный коэффициент. При этом мгновенная мощность сопротивления движению

$$P_T = \left(F_T \cdot V\right) = F_t \cdot V^2,\qquad(5)$$

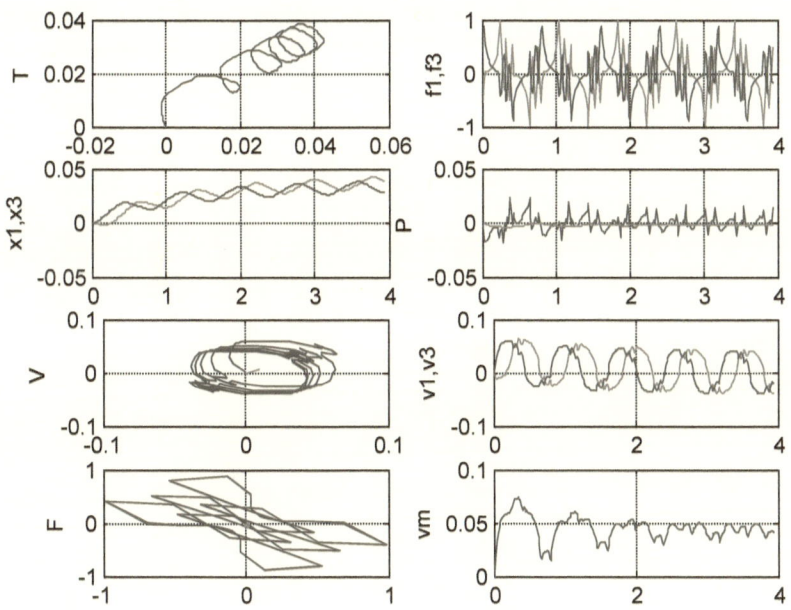

Рис. 14.

На рис. 14 показаны графики изменения мгновенных значений параметров движения при $F_t = -0.75$ и $a = 5, N = 5, \omega = 1, v_o = 1, q_o = 1$. В окне "P" горизонтальная линия является графиком мощности (5). При этом, как можно заметить, что

- траектория постепенно превращается в круговые движения всей конструкции "на месте",

- мгновенная амплитуда скорости стремится к некоторому постоянному значению (поскольку движение превращается во вращение "на месте"),

Таким образом, рассматриваемая конструкция совершает безопорное движение и при наличии сопротивления. Мощность двигателя конструкции расходуется на вращение зарядов и преодоление сопротивления.

Литература

1. Р. Фейнман, Р. Лейтон, М. Сэндс. Феймановские лекции по физике. Т. 6. Электродинамика. Москва, изд. "Мир", 1966.
2. Зильберман Г.Е. Электричество и магнетизм, Москва, изд. "Наука", 1970.

Серия: **ФИЗИКА И АСТРОНОМИЯ**

Хмельник С.И., Хмельник М.И.

Дополнительные силы взаимодействия небесных тел

Аннотация

Известны максвеллоподобные уравнения гравитации, уточненные на основе известных экспериментов, откуда следует, что могут существовать значительные силы гравимагнитного взаимодействия движущихся масс в вакууме. Эти уравнения справедливы только в условиях слабого гравитационного поля при малых скоростях. Поэтому следует ожидать, что в космосе можно наблюдать гравимагнитные взаимодействия межу спутниками, астероидами и более крупными небесными телами. В статье приводятся расчет таких взаимодействий и некоторые примеры.

Оглавление

1. Вступление

В [1] рассмотрена аналогия электромагнетизма и гравитоэлектромагнетизма, с позиций этой аналогии проведен анализ новых экспериментов Самохвалова [2]. На основе этого там показано, что максвеллоподобные уравнения гравитоэлектромагнетизма должны быть дополнены некоторым эмпирическим коэффициентом <u>гравитационной проницаемости</u> среды. Этот коэффициент для вакуума имеет величину порядка

$\xi \approx 10^{12}$ и резко уменьшается с увеличением давления. Это объясняет отсутствие видимых эффектов гравимагнитного взаимодействия движущихся масс в воздухе. Однако в вакууме эти взаимодействия отчетливо проявляются в указанных экспериментах. Ограничением может служить также то, что, как следует из основных уравнений ОТО, максвеллоподобные уравнения гравитоэлектромагнетизма справедливы только в условиях слабого гравитационного поля при малых скоростях. Поэтому следует ожидать, что в космосе можно наблюдать такие гравимагнитные взаимодействия межу спутниками, астероидами и более крупными небесными телами.

2. Взаимодействие движущихся электрических зарядов

Рассмотрим два заряда q_1 и q_2, движущиеся со скоростями v_1 и v_2 соответственно. Известно [3], что индуция поля, создаваемого зарядом q_1 в точке, где в данный момент находится заряд q_2, равна (здесь и далее используется система СГС)

$$\overline{B_1} = q_1 \left(\overline{v_1} \times \overline{r} \right) \big/ cr^3 . \tag{1}$$

При этом вектор $\overline{r}$ направлен из точки, где находится движущийся заряд q_1. Сила Лоренца, действующая на заряд q_2,

$$\overline{F_{12}} = q_2 \left(\overline{v_2} \times \overline{B_1} \right) \big/ c . \tag{2}$$

Аналогично,

$$\overline{B_2} = q_2 \left(\overline{v_2} \times \overline{r} \right) \big/ cr^3 , \tag{3}$$

$$\overline{F_{21}} = q_1 \left(\overline{v_1} \times \overline{B_2} \right) \big/ c . \tag{4}$$

В общем случае $\overline{F_{12}} \neq \overline{F_{21}}$, т.е. не соблюдается третий закон Ньютона – возникают неуравновешенные силы, действующие на заряды q_1 и q_2 и искривляющие траектории движения этих зарядов.

Рассмотрим соотношение между силой Лоренца и силой притяжения зарядов. В простейшем случае сила Лоренца, найденная из (1, 2) имеет вид

$$F = \frac{q_1 q_2 v_1 v_2}{r^2 c^2} . \tag{5}$$

Сила притяжения двух зарядов

$$P = \frac{q_1 q_2}{r^2}.$$ (6)

Следовательно,

$$\phi_e = \frac{F}{P} = \frac{v_1 v_2}{c^2}.$$ (7)

Будем называт эту величину <u>эффективностью</u> сил Лоренца

3. Гравитомагнитное взаимодействие движущихся масс

По аналогии с взаимодействием электрических зарядов, две массы m_1 и m_2, движущиеся со скоростями v_1 и v_2 соответственно, также взаимодействуют между собой. В [1] показано, что в этом случае возникают гравитомагнитные индукции вида

$$\overline{B_{g1}} = Gm_1\left(\overline{v_1} \times \overline{r}\right)\!\big/cr^3,$$ (1)

$$\overline{B_{g2}} = Gm_2\left(\overline{v_2} \times \overline{r}\right)\!\big/cr^3,$$ (2)

где

c — скорость света в вакууме, $c \approx 3 \cdot 10^{10}$ см/сек;

G - гравитационная постоянная, $G \approx 7 \cdot 10^{-8}$ дин·см²·г⁻².

При этом на массы также действуют гравитомагнитные силы Лоренца, которые имеют следующий вида [1]:

$$\overline{F_{12}} = \varsigma\xi m_2\left(\overline{v_2} \times \overline{B_{g1}}\right)\!\big/c,$$ (3)

$$\overline{F_{21}} = \varsigma\xi m_1\left(\overline{v_1} \times \overline{B_{g2}}\right)\!\big/c,$$ (4)

где

$\varsigma = 2$, что следует из ОТО,

$\xi \approx 10^{12}$ - коэффициент <u>гравитационной проницаемости</u> вакуума.

В общем случае из (2, 4) найдем

$$\overline{F_{21}} = \frac{\varsigma\xi G m_1 m_2}{c^2 r^3}\left(\overline{v_1} \times \left(\overline{v_2} \times \overline{r}\right)\right).$$ (5)

Рассмотрим орты векторов, обозначая их штрихом. Тогда из (5) получим:

$$\overline{F_{21}} = \sigma \overline{f_{21}}, \tag{6}$$

где

$$\overline{f_{21}} = \left(\overline{v_1'} \times \left(\overline{v_2'} \times \overline{r'} \right) \right). \tag{7}$$

$$\sigma = \frac{\varsigma \xi G \cdot m_1 m_2 v_1 v_2}{c^2 r^2}. \tag{8}$$

Найдем соотношение между гравитомагнитной силой Лоренца и силой притяжения масс. Сила притяжения двух масс

$$P = \frac{G m_1 m_2}{r^2}. \tag{9}$$

Следовательно,

$$\phi_g = \frac{F}{P} = \varsigma \xi \cdot \frac{v_1 v_2}{c^2}. \tag{10}$$

Будем называть эту величину <u>эффективностью</u> гравитомагнитных сил Лоренца. Сравнивая (2.7) и (10) находим, что

$$\phi_g = \phi_e \varsigma \xi. \tag{11}$$

Следовательно, эффективность гравитомагнитных сил Лоренца намного прешыает эффективность электромагнитных сил Лоренца при сравнимых скоростях.

Объединяя (8, 10), получаем

$$\sigma = \phi_g P. \tag{12}$$

4. Количественные оценки

Рассмотрим случай, когда обе скорости лежат в одной плоскости xoy. В приложении показано (см. (2a)), что в этом случае

$$\overline{f_{21}} = \left(v_{2x}' r_y' - v_{2y}' r_x' \right) \begin{bmatrix} v_{1y}' \\ -v_{1x}' \end{bmatrix}. \tag{1}$$

Таким образом, в этом случае

$$\overline{f_{21}} \perp v_1'. \tag{3}$$

В частности, при $r_y' = 0$, т.е. $r' = r_x'$, имеем:

$$\overline{f_{21}} = r' \cdot v_{2y}' \begin{bmatrix} -v_{1y}' \\ v_{1x}' \end{bmatrix}. \tag{2}$$

Векторы, входящие в эту формулу, показаны на рис. 1.

Если еще $v'_{1x} = 0$, т.е. $v'_1 = v'_{1y}$, то

$$\overline{f_{21}} = -r' \cdot v'_{2y} v'_1. \tag{4}$$

Таким образом, в этом случае сила (4) является отталкивающей.

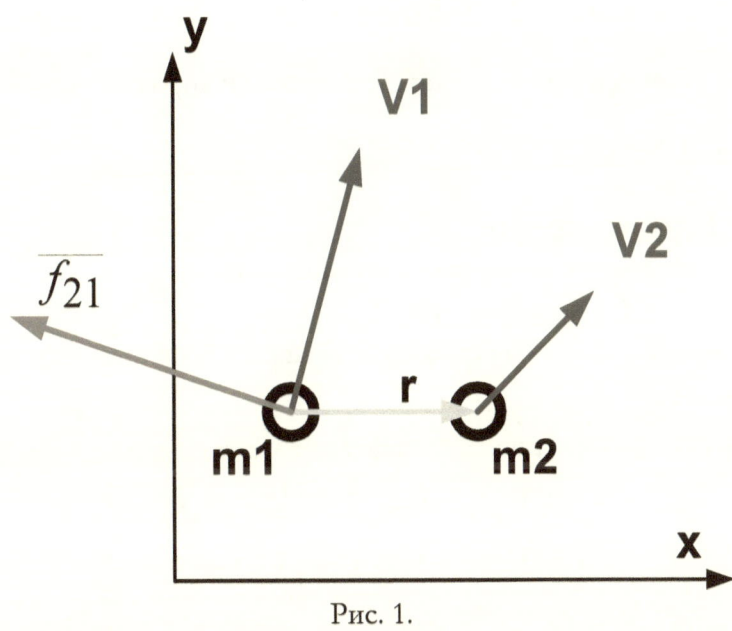

Рис. 1.

Пример 1. Рассмотрим две массы m_1 и m_2, расположенные на расстоянии $\overline{r} = r_x$. Пусть их скорости удовлетворяют условиям

$$v'_{1x} = 0, \text{ т.е. } v'_1 = v'_{1y},$$

$$v'_{2x} = 0, \text{ т.е. } v'_2 = v'_{2y},$$

т.е. их скорости $\overline{v_2}$, $\overline{v_1}$ параллельны оси oy. Тогда из (4) находим $\overline{f_{21}} = -r' \cdot v'_2 v'_1$. Вектор этой силы направлен противоположно вектору $\overline{r} = r_x$. При этом модуль отталкивающей силы равен (3.12). Притягивающая сила всегда равна (3.9). Следовательно, в этом положении сила взаимодействия масс будет отсутствовать, если $\phi_g = 1$. Имеем

$c \approx 3 \cdot 10^{10}$ см/сек, $\varsigma = 2$. Пусть $v_1 = v_2 = 10^5$ см\сек. Тогда из (3.11) имеем:

$$\phi_g = 1 = \varsigma\xi \cdot \frac{v_1 v_2}{c^2}, \quad \text{откуда находим} \quad \xi = \frac{c^2}{\varsigma \cdot v_1 v_2} \quad \text{или}$$

$\xi = \left(3 \cdot 10^{10}\right)^2 / 2 \cdot \left(10^5\right)^2 \approx 5 \cdot 10^{10}$. В этих условиях суммарная сила будет притягивающей, если $\xi < 5 \cdot 10^{10}$, и отталкивающей, если $\xi > 5 \cdot 10^{10}$.

Приложение

Рассмотрим выражение с векторами вида

$$\bar{f} = \left(\bar{a} \times \left(\bar{b} \times \bar{r}\right)\right). \tag{1}$$

В правой системе декартовых координат это выражение принимает вид

$$\bar{f} = \begin{bmatrix} a_y\left(b_x r_y - b_y r_x\right) - a_z\left(b_z r_x - b_x r_z\right) \\ a_z\left(b_y r_z - b_z r_y\right) - a_x\left(b_x r_y - b_y r_x\right) \\ a_x\left(b_z r_x - b_x r_z\right) - a_y\left(b_y r_z - b_z r_y\right) \end{bmatrix}. \tag{2}$$

Предположим, что проекции этих векторов на ось z равны нулю. Тогда

$$\bar{f} = \left(b_x r_y - b_y r_x\right)\begin{bmatrix} a_y \\ -a_x \\ 0 \end{bmatrix}. \tag{2a}$$

Предположим еще, что $r_y = 0$, т.е. $r = r_x$. Тогда

$$\bar{f} = r b_y \begin{bmatrix} -a_y \\ a_x \\ 0 \end{bmatrix}. \tag{3}$$

Итак, при указанных условиях

$$\bar{f}_{ab} = \left(\bar{a} \times \left(\bar{b} \times \bar{r}\right)\right) = r b_y \begin{vmatrix} -a_y \\ a_x \end{vmatrix}. \tag{3a}$$

Аналогично,

$$\overline{f}_{ba} = \left(\overline{b} \times \left(\overline{a} \times (\overline{-r})\right)\right) = -ra_y \begin{vmatrix} -b_y \\ b_x \end{vmatrix}.$$

Имеем

$$\overline{\Delta f} = \overline{f}_{ab} + \overline{f}_{ba} = r \begin{pmatrix} 0 \\ a_x b_y - a_y b_x \end{pmatrix} \tag{4}$$

или

$$\overline{\Delta f_y} = r \left(a_x b_y - a_y b_x\right) = rab \left(\cos\varphi_a \sin\varphi_b - \sin\varphi_a \cos\varphi_a\right), \tag{5}$$

где φ_a, φ_b - углы векторов a, b с осью ox. Таким образом, вектор $\overline{\Delta f}$ лежит в той же плоскости, где находятся исходные векторы, направлен вдоль оси oy и имеет величину (см. рис. 1)

$$\Delta f = rab \sin\left(\varphi_b - \varphi_a\right). \tag{6}$$

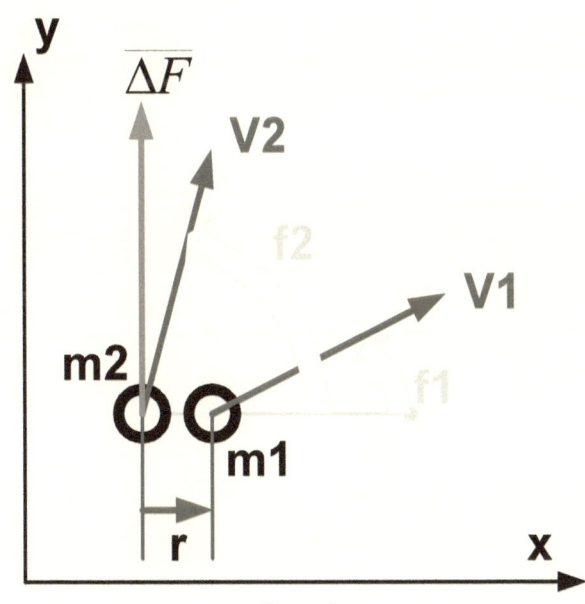

Рис. 1

Литература

1. Хмельник С.И. Экспериментальное уточнение максвеллоподобных уравнений гравитации, данный выпуск.
2. Самохвалов В.Н. Статьи в журнале «Доклады независимых авторов», изд. «ДНА», ISSN 2225-6717, Россия – Израиль,

2009, вып. 13; 2010, вып. 14; 2010, вып. 15; 2011, вып. 18; 2011, вып. 19.

3. Зильберман Г.Е. Электричество и магнетизм, Москва, изд. "Наука", 1970.

4. П.И. Бакулин, Э.В. Кононович, В.И. Мороз. Курс общей астрономии, 1976, http://www.bibliotekar.ru/astronomia/

Серия: **ФИЗИКА И АСТРОНОМИЯ**

Хмельник С.И.

Звук и гравитация

Аннотация

Существует несколько фактов, свидетельствующих о влиянии звука на силу тяжести. Ниже предлагается объяснение этих фактов с применением максвеллоподобных уравнений гравитации, дополненных некоторым эмпирическим коэффициентом, найденным из экспериментов Самохвалова.

Оглавление

1. Факты

Существует несколько фактов, свидетельствующих о влиянии звука на силу тяжести. Существуют и теории, объясняющие эти факты, но все они выпадают из существующей физической парадигмы.

1.1. Перемещение каменных скульптур в Древнем Египте [1]. "До наших дней сохранились рисунки египетских культовых сооружений с изображениями по перемещению больших каменных скульптур. Из приведенного же здесь (см. рис. 1) - видно, что небольшая часть людей тянет платформу, на которой установлена скульптура фараона, и подстраховывает ее от опрокидывания, а другая часть стоит в стороне со звуковыми инструментами в руках, звук которых необходим для левитации платформы с изваянием. ...

платформа своими полозьями лишь слегка касалась земли, облегчая его транспортировку."

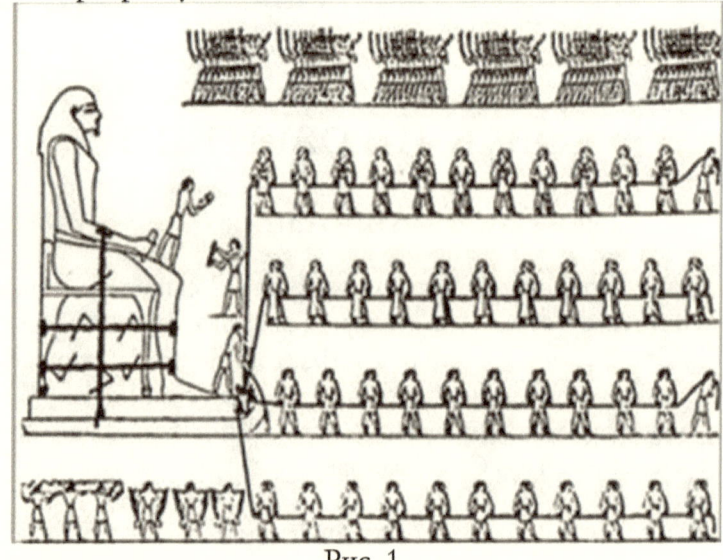

Рис. 1.

1.2. В Калифорнии существует **коралловый замок** - комплекс огромных сооружений общим весом 1100 тонн. Автор и строитель замка Эдвард Лидскалнинш построил его вручную, без использования машин, утверждая, что он открыл секрет строителей пирамид. Соседи, которым удавалось иногда наблюдать за ходом строительства, рассказывают, что Эдвард без усилий передвигал громадные блоки по воздуху и пел песни своим камням [2].

1.3. Изветен т.н. **вечный двигатель Джона Кили** [3]. Схематично его можно представить так. Имеется некоторая конструкция, названная автором симпатическим передатчиком, и содержащая множество камертонов. "Рядом находится цилиндрический стеклянный сосуд высотой более метра, заполненный водой. Крышка сосуда, также металлическая, соединена со сферой с помощью толстой проволоки из золота, серебра и платины. На дне сосуда лежат три металлических шара, каждый весом около килограмма." "Изобретатель подходит к симпатическому передатчику, и начинают вибрировать камертоны, поворачиваются рукоятки... Вдруг коротко звучит труба, и шар на дне сосуда начинает покачиваться, затем медленно отрывается от дна и устремляется вверх сквозь толщу воды. Вот он ударяется о крышку, отскакивает, поднимается снова и, наконец, успокаивается, плотно прижавшись к ней." Кили построил и множество других изящных и дорогих конструкций, в которых механические движения возбуждаются определенными мелодиями – см., например, рис. 2.

Рис. 2.

1.4. Левитация в Тибете. В [4] описывается следующий случай. "В 250 метрах от скалы, напротив пещеры, находилась полированная каменная плита с округлым углублением. Каменная глыба размерами 1*1*1.5 метра была погружена в углубление группой монахов с помощью яков. Монахи с 19 музыкальными инструментами, среди которых было 13 барабанов и 5 труб, построились дугой в 90 градусов перед камнем. ... Все барабаны были открыты с одного конца, укреплены на столбах и направлены на камень. Монахи били в барабаны большими кожаными колотушками. Позади инструментов находился ряд монахов. Они начали петь и играть на музыкальных инструментах. Примерно через 4 минуты, когда звук достиг определенного уровня, большой камень, расположенный в фокусе дуги, величественно поднялся и поплыл в воздухе вверх к скале, где другие монахи приняли камень. Полет занял около 3 минут. И это был не единственный случай.

Монахи продолжали проделывать этот фокус со скоростью 5 или 6 камней в час. Один из камней при этом разрушился, что показывает, что эффект звукового резонанса может причинить разрушения. Другим интересным аспектом этой левитации является малое количество энергии, необходимое для этого - ... можно вычислить, что на камень действует мощность примерно 0.01 ватт, ... а вес камня составляет свыше 4 тонн. На подъем камня за 3 минуты нужна мощность около 52 киловатт. "

2. Электротехнические эксперименты
2.1. Кольцо с током над плоскостью

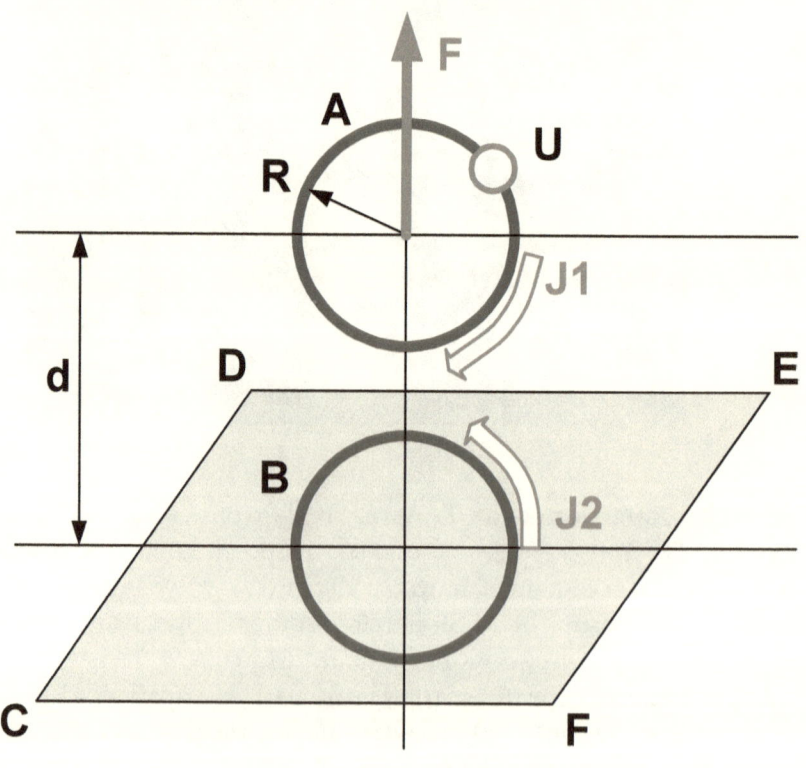

Рис. 3.

Рассмотрим вначале первый электротехнический эксперимент – см. рис. 3, где показаны кольцо проводника A с источником переменного напряжения U и металлическая плата $CDEF$, плоскость которой параллельна плоскости кольца. Переменный ток J_1, протекающий по кольцу A, наводит в плате $CDEF$

индукционный ток J_2. В первом приближении при достаточно малом расстоянии d между кольцом и платой можно полагать, что ток J_2 течет по кольцевому замкнутому контуру B, а радиусы R колец A и B совпадают. Токи J_1 и J_2 противоположны по направлению (сдвинуты по фазе на $\pi/2$) и поэтому отталкиваются с некоторой силой F. Если плата массивна, то она остается неподвижной, а кольцо A поднимается этой силой над платой.

Более строго этот эксперимент можно описать так (далее используется система СГС). Магнитный поток Φ, проходящий через площадь витка A, по которому течет переменный электрический ток J_1,

$$\Phi = \frac{2\pi R J_1}{c}. \tag{2}$$

Электродвижущая сила, создаваемая магнитным потоком Φ в контуре B,

$$\varepsilon = \frac{1}{c} \cdot \frac{d\Phi}{dt}, \tag{3}$$

Сила индукционного электрического тока в замкнутом контуре B

$$J_2 = \varepsilon / \rho \tag{4}$$

или

$$J_2 = \frac{1}{c\rho} \cdot \frac{d\Phi}{dt} \tag{5}$$

или, наконец,

$$J_2 = \frac{\omega \cdot \Phi}{c\rho}, \tag{6}$$

где ρ - сопротивление контура B, ω - круговая частота тока J_1. При расчете силы притяжения двух колец радиуса R для упрощения задачи заменим их двумя квадратами с полустороной R. Тогда в вакууме и при $R \gg d$ получим [5]:

$$F = \frac{16 J_1 J_2 R}{c^2 d}. \tag{7}$$

Объединяя (2, 6, 7), получаем

$$F = \frac{32\pi\omega J_1^2 R^2}{c^4 \rho \cdot d} \approx \frac{100\omega J_1^2 R^2}{c^4 \rho \cdot d} \tag{8}$$

Пример 1. Напомним, что эта формула относится к системе СГС. При этом

$$1[ом] = \frac{10^9}{c^2}[СГС], \quad 1[A] = \frac{c}{10}[СГС].$$

Тогда из (8) находим:

$$F \approx \frac{100\omega \cdot J_1^2 R^2}{c^4 \rho \cdot d} \approx \frac{\omega \cdot J_1^2 R^2}{10^9 \rho \cdot d}, \qquad (9)$$

где токи и сопротивления измеряются соответственно в амперах и омах. Пусть

$$\omega = 1000, \quad R = 100[см], \quad d = 10[см],$$

$$\rho = 0.01[ом], \quad J_1 = 100[A].$$

Тогда из (9) находим:

$$F \approx \frac{\omega \cdot J_1^2 R^2}{10^9 \rho \cdot d} \approx \frac{1000 \cdot 100^2 100^2}{10^9 10 \cdot 0.01} \approx 1000[дин].$$

Если сопротивления колец А и В равны, то мощность тепловых потерь в кольце А

$$p = J_1^2 \rho. \qquad (10)$$

Тогда, как следует из (8),

$$F = \alpha \cdot p, \qquad (11)$$

где

$$\alpha \approx \frac{100\omega \cdot R^2}{c^4 d\rho^2}. \qquad (12)$$

Таким образом, подъемная сила кольца А пропорциональна тепловой мощности, выделяемой в этом кольце.

Пример 2. Найдем α при условиях примера 1. При этом

$$\rho = 0.01[\textit{ом}] = \frac{0.01 \cdot 10^9}{c^2}[\textit{СГС}].\ \text{Имеем } c = 3 \cdot 10^{10}. \text{ Тогда}$$

$$\rho = \frac{0.01 \cdot 10^9}{3^2 10^{20}}[\textit{СГС}] \approx 10^{-14}[\textit{СГС}]. \text{ Из} \quad (12) \quad \text{находим}$$

$$\alpha \approx \frac{100\omega R^2}{c^4 \rho^2 d} = \frac{100 \cdot 1000 \cdot 100^2}{3^4 10^{40} 10^{-28} 10} \approx 10^{-6}. \qquad \text{Следовательно,}$$

$$F[\textit{дин}] = \alpha \cdot (p[\textit{эрг} / \textit{сек}]) \text{ или} \qquad F[\textit{дин}] = \alpha \cdot \left(10^7 \, p[\textit{вт}]\right)$$

Таким образом, в этом примере $F[\textit{дин}] = 10 \cdot (p[\textit{вт}])$.

Действительно, в примере 1 $P = J_1^2 \rho = 100[\textit{вт}]$ и $F = 1000[\textit{дин}]$.

2.2. Две плоскости

Рассмотрим теперь электротехнический эксперимент (см. рис. 4), в котором имеется две маталлические платы 1 и 2. Маталлическая плата 1 пронизывается внешним переменным магнитным потоком ψ. В этой плате протекают токи Фуко. Она из траекторий такого тока выделена как кольцо А. Ток в этом кольце индуцирует ток в кольце В металлической платы 2. Выше показано, что при этом кольцо А испытывает подъемную силу (11), зависящую от тепловой мощности, расходуемой в этом кольце. Плата 1 содержит множество колец А. Следовательно, <u>плата 1 испытывает подъемную силу (11), пропорциональную полной тепловой мощности, которую расходуют все токи Фуко</u>, протекающие в плате 1. Коэффициент пропорциональности (12) в этом случае зависит от среднего радиуса R траекторий токов Фуко.

Пример 3. Найдем α при условиях примера 2. При этом

$$\rho = 0.01 \cdot 10^9 / c^2 [\textit{СГС}]. \text{ Имеем } c = 3 \cdot 10^{10}. \text{ Тогда}$$

$$\rho \approx 10^{-14}[\textit{СГС}]. \text{ Из (12) находим}$$

$$\alpha \approx \frac{100\omega R^2}{c^4\rho^2 d} = \frac{100\cdot1000\cdot100^2}{3^4 10^{40} 10^{-28} 10} \approx 10^{-6}.$$ Следовательно,

$F[дин] = \alpha \cdot \left(p[эрг/сек]\right)$ или $F[дин] = \alpha \cdot \left(10^7 \, p[вт]\right)$

Таким образом, в этом примере или $F[дин] = 10 \cdot \left(p[вт]\right)$.

Действительно, в примере 1 $P = J_1^2 \rho = 100[вт]$ и $F = 1000[дин]$.

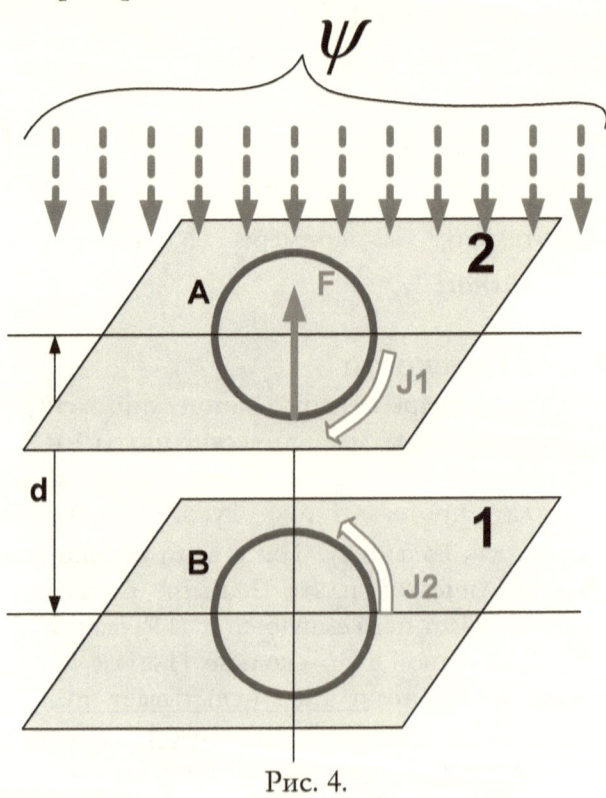

Рис. 4.

3. Гравитомагнитные аналогии
3.0. Вступление

В [6] рассмотрена аналогия электромагнетизма и гравитоэлектромагнетизма, с позиций этой аналогии проведен анализ новых экспериментов Самохвалова [7]. На основе этого там показано, что максвеллоподобные уравнения гравитоэлектромагнетизма должны быть дополнены некоторым эмпирическим коэффициентом <u>гравитационной проницаемости</u> среды.

На основе этого ниже рассматриваются некоторые электромагнитные явления (не выходящие за рамки классической теории) и показывается, что могут существовать аналогичные явления в области гравитоэлектромагнетизма. В частности, показывается, что

1) аккустические волны в твердом теле генерируют переменный массовый ток аналогично тому, как переменный магнитный поток генерирует в металле токи Фуко;

2) переменный массовый ток в одном твердом теле возбуждает гравитомагнитные волны, которые индуцируют переменный массовый ток в другом твердом теле;

3) массовые токи двух тел создают силы отталкивания этих тел, аналогичные силам отталкивания двух проводников с электрическим током.

Эти явления позволяют объяснить вышеуказанные факты тем, что звуковые волны в твердом теле формируют подъемные силы. Действительно, звуковые волны в твердом теле связаны с колебаниями частиц тела и поэтому могут рассматриваться как массовый ток (аналогично тому, как колебания заряженных частиц является электрическим током). Частота этого тока есть частота звука. Скорость звуковых волн в твердом теле может достигать значительных величин, а их интенсивность может усиливаться при возникновении звукового резонанса материала - например, при звуковом резонансе стали скорость звуковых волн достигает значения $6 \cdot 10^5 [см/сек]$ [8]. Таким образом, звуковые колебания воздуха могут создавать интенсивный массовый ток в твердом теле. Заметим еще, что звуковые волны в твердом теле повышают температуру тела, т.е. массовый ток звуковых волн выделяет энергию подобно выделению энергии при прохождении электрического тока по электрическому сопротивлению. В связи с этим можно говорить о "массовом" сопротивлении материала твердого тела.

3.1. Кольцо с массовым током над плоскостью

Предположим теперь, что на рис. 3 изображены массовые токи. По кольцу A течет переменный массовый ток J_{g1}. В [6] показано, что при этом через площадь кольца A проходит гравимагнитный поток

$$\Phi_g = \frac{2\pi R G J_{g1}}{c},$$

(13)

где G - гравитационная постоянная, $G \approx 7 \cdot 10^{-8} \left[\dfrac{\text{дин} \cdot \text{см}^2}{\text{г}^2} \right]$. Эта

формула отличается коэффициентом G от аналогичной формулы (2) в электродинамике. Гравитомагнитный поток в контуре B создает гравитодвижущую силу

$$\varepsilon_g = \frac{\xi}{c} \cdot \frac{d\Phi_g}{dt},$$

(14)

где ξ - гравитационная проницаемость среды [6]. Эта формула отличается коэффициентом ξ от аналогичной формулы (3) в электродинамике. В вакууме коэффициент $\xi \approx 10^{12}$, но с увеличением давления резко уменьшается [6]. Далее аналогично предыдущему имеем:

$$J_{g2} = \varepsilon_g / \rho_g$$

(15)

или

$$J_{g2} = \frac{\xi}{c\rho_g} \cdot \frac{d\Phi_g}{dt}$$

(16)

или, наконец,

$$J_{g2} = \frac{\omega \cdot \xi \cdot \Phi_g}{c\rho_g}.$$

(17)

Используя формулу (8), по аналогии получаем

$$F_g = \frac{16 J_{g1} J_{g2} R}{cd}.$$

(18)

Объединяя (14, 15, 18), получаем

$$F_g = \frac{32\pi\omega\xi \cdot G J_{g1}^2 R^2}{c^4 \rho_g \cdot d} \approx \frac{100\omega\xi \cdot G J_{g1}^2 R^2}{c^4 \rho_g \cdot d}.$$

(19)

Рассуждая далее аналогично предыдущему, находим мощность тепловых потерь в кольце А

$$p_g = J_{g1}^2 \rho_g$$

(20)

и силу

$$F_g = \alpha_g \cdot p_g. \tag{21}$$

где

$$\alpha_g \approx \frac{100\omega \cdot \xi \cdot GR^2}{c^4 \rho_g^2 d}. \tag{22}$$

Таким образом, <u>подъемная сила кольца А пропорциональна тепловой мощности, выделяемой в этом кольце.</u>

3.2. Две плоскости

Рассмотрим теперь рис. 4, где (в отличие от предыдущего) показаны две массивные платы 1 и 2. Плата 1 пронизывается переменным потоком ψ звуковых волн. В этой плате возникают массовые токи, аналогичные токам Фуко в электротехнике. Рассуждая аналогично предыдущему, можно утверждать, что эти массовые токи индуцируют массовые токи в плате 2. Следовательно, <u>плата 1 испытывает подъемную силу (21), пропорциональную полной тепловой мощности, которую расходуют все массовые токи,</u> протекающие в плате 1. Коэффициент пропорциональности (22) в этом случае зависит от среднего радиуса R траекторий этих массовых токов.

Сравнивая (12) и (22), замечаем, что при равных тепловых мощностях $p_g = p$ и равных сопротивлениях $p_g = p$ силы, развиваемые в гравитотехнической и электротехнической конструкций относятся как $\beta = \xi \cdot G$.

Пример 4. Найдем α при условиях примера 3. При этом $\rho_g \approx 10^{-14}[СГС]$. Для вакуума

$\beta = \xi \cdot G = 10^{12} \cdot 7 \cdot 10^{-8} = 7 \cdot 10^4$. Из (22) находим

$\alpha_g \approx \alpha\beta \approx 10^{-6} \cdot 7 \cdot 10^4 \approx 0.1$. Следовательно,

$F_g[дин] = \alpha_g \cdot \left(p_g[эрг/сек]\right)$или

$F_g[дин] = \alpha_g \cdot \left(10^7 \, p_g[вт]\right)$ Таким образом, в этом примере

или $F_g[дин] = 10^6 \cdot \left(p[вт]\right)$ или $F_g[H] = 10 \cdot \left(p[вт]\right)$. Если (как в примере 1), $p_g = p = 100[вт]$, то $F_g = 1000[H]$.

Этот пример показывает, что подъемная сила может быть весьма значительной. Однако здесь необходимо сделать два замечаеия.

1) Сопротивление массовому току в настоящее время неизвестно. Возможно, оно существенно (в ту или иную сторону) отличается от сопротивления электрическому току.

2) Величина гравитационной проницаемости при нормальном значении давления существенно ниже принятой в примере для вакуума. Но можно предположить, что гравитационная проницаемость воздуха для гравитомагнитной волны существенно увеличивается в том случае, если воздух колеблется с частотой этой волны (что имеет место в обсуждаемых фактах)

Литература

1. Перемещение каменных скульптур в Древнем Египте, http://www.74rif.ru/zamok_levitacia.html

2. Коралловый замок, http://bibliotekar.ru/0korall.htm

3. Дмитрий Захаров. Вечный двигатель Джона Кили, http://www.manwb.ru/articles/science/natural_science/JhonKili_DmZah/

4. Девидсон Д. Свободная энергия, гравитация и эфир, http://svitk.ru/004_book_book/13b/3031_devidson-svobodnaya_energiya_gravitaciya_efir.php

5. Яворский Б.М., Детлаф А.А. Справочник по физике. "Физматгиз", Москва, 1963

6. Хмельник С.И. Экспериментальное уточнение максвеллоподобных уравнений гравитации, данный выпуск.

7. Самохвалов В.Н. Статьи в журнале «Доклады независимых авторов», изд. «ДНА», ISSN 2225-6717, Россия – Израиль, 2009, вып. 13; 2010, вып. 14; 2010, вып. 15; 2011, вып. 18; 2011, вып. 19.

8. Викторов И.А. Звуковые поверхностные волны в твердых телах. Изд. " Наука", 1981.

Серия: **ФИЗИКА И АСТРОНОМИЯ**

Хмельник С.И.

О полете дисков Серла

Аннотация

Предлагается объяснение природы подъемных сил, возникающих в генераторах Серла и Рощина-Година.

Оглавление

1. Вступление

Известны эксперименты Серла [1], в которых наблюдались полеты "дисков Серла". Описания этих полетов (во множестве присутствующих в интернете) звучат фантастически. Например, "…был произведен управляемый полет аппарата из Лондона на полуостров Корнуолл и обратно, что в общей сложности составляет 600 км". Менее впечатляющие, но хорошо документированные эксперименты выполнили Рощин и Годин [2, 3]. Они пишут: "при максимальной отводимой мощности в 7 kW изменение веса всей платформы весом в 350 kg достигает 35% от веса в неподвижном состоянии". Ниже предпринимается попытка объяснить эти явления, не выходя за рамки существующей физической парадигмы.

2. Первый вариант

Конвертер Рощина и Година выполнен по тому же принципу, что и генератор Серла. Рассмотрим некоторые элементы конструкции [3] – см. рис. 1, где

1 - магниты статора,
2 - магнитные ролики, вращающиеся по статору,
3 - сетчатый электрод,
4 - источник высокого напряжения; в [2] оно равно 20 кв.

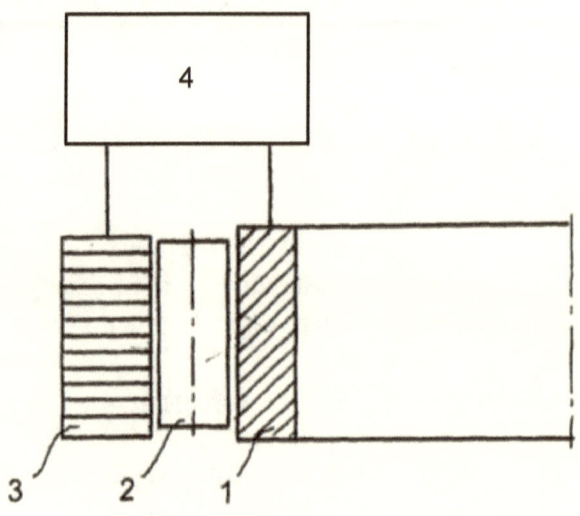

Рис. 1.

Итак, ролики вращаются по статору и при этом возникает сила, направленная по оси вращения.

Для объяснения подъемной силы вспомним о силе Лоренца, которая действует на заряд q, движущийся со скоростью v перпендикулярно вектору индукции B:

$$F = q \cdot v \cdot B \qquad (1)$$

Именно эта ситуация имеет место в нашем случае, поскольку сетчатый электрод 3 движется перпендикулярно радиальному вектору магнитной индукции.

Оценим величину этой силы. Обозначим:

n - число оборотов ротора,

R - радиус ротора,

u - напряжение между статором и электродами,

d - зазор между роликами и электродами,

S - площадь электродов,

h - высота электродов,

C - электрическая емкость системы "электроды-магниты".

Тогда получим (в системе СГС):

$$C = S/d, \qquad (1а)$$

$$q = C \cdot u, \qquad (1в)$$

$$v = \pi R n / 30, \tag{1c}$$

$$S = 2\pi R h. \tag{1d}$$

Отсюда и из (1) имеем:

$$F = \frac{S}{d} u v B \tag{2}$$

или

$$F = 2\pi^2 R^2 n \, h u B / (30d). \tag{3}$$

Пример 1. Из [2, 3] можно найти (в системе СГС)

$$u = \frac{20000[B]}{3 \cdot 10^{10}}, \quad R = 50[см], \quad d = 0.5[см],$$

$$n = 550[об/мин], \quad B = 0.05 \cdot 10^4[Гс], \quad h = 20[см].$$

Тогда по (3) получим:

$$v \approx 3000[см/сек],$$

$$F = 1.2 \cdot 10^4[дин] \approx 10[Г].$$

Очевидно, такая сила не может быть причиной наблюдаемых эффектов.

2. Второй вариант

Существует релятивистский эффект, заключающийся в том, что в движущемся магните компенсация зарядов нарушается и он становится электрически поляризованным [4]. Таким образом, движущийся постоянный магнит несет электрический заряд. Движущийся со скоростью v магнит ролика с индукцией B_r создает электрическое поле E_r, которое определяется по формуле

$$\overline{E_r} = \left| \overline{v} \times \overline{B_r} \right|. \tag{4}$$

Это выражение формально совпадает с уравнением для силы Лоренца. Однако тут все величины относятся к магниту. Объяснением может служить то, магнитное поле движущегося магнита существует независимо от магнита (о чем говорил еще Фарадей). Если вектор скорости лежит в плоскости торца, то

$$E_r = v B_r. \tag{5}$$

причем вектор $\overline{E_r}$ тоже лежит в плоскости торца и перпендикулярен вектору скорости $\overline{v}$. Это означает, что вдоль диаметра D_1 торца, перпендикулярного вектору скорости $\bar{v}$, неравномерно распределены заряды. Если эти заряды имеют один знак, то можно считать, что они скапливаются у одного из концов этого диаметра D_1. Это эквивалентно тому, что торец приобретает заряд q_r, пропорциональный напряженности E_r:

$$q_r = \beta E_r. \tag{5a}$$

В генераторах Серла и Рощина-Година имеются вращающиеся ролики с постоянными магнитами, расположенными на образующих ролика торцами наружу. В силу сказанного можно утверждать, что эти магниты несут заряд, определяемый из (5, 5a), где v - линейная скорость на окружности ролика,

Скорость v в генераторе Рощина-Година равна линейной скорости обода статора, т.к. ролики, фактически, находятся в зацеплении со статором, т.е. эта скорость определяется формулой (1c). Скорость v в генераторе Серла будем считать будем считать такой же.

Электрические заряды магнитов ролика находятся в магнитном поле с индукцией B, создаваемом магнитами статора. Следовательно, на заряд q_r (и на несущий его постоянный магнит), движущийся со скоростью v перпендикулярно вектору индукции B статора, действует сила Лоренца, направленная перпендикулярно плоскости вращения,

$$F_1 = q_r \cdot v \cdot B. \tag{6}$$

Можно полагать, что $B = B_r$. Тогда из (5, 5a, 6) найдем вертикальную силу, действующую на единственный постоянный магнит ролика,

$$F_1 = \beta v^2 B^2, \tag{7}$$

На ротор в целом действует сила

$$F_r = N \cdot F_1, \tag{8}$$

где общее число магнитов на всех роликах ротора. Если ротор жестко связан (по вертикальному смещению) со статором, то эта же сила F_r действует на генератор в целом.

Пример 2. Пусть, как в примере 1, $v \approx 3000 [см/сек]$, $B = 0.05 \cdot 10^4 [Гс]$. Тогда из (7) найдем

$F_1 \approx 2\beta \cdot 10^{12}[\partial u \mu]$. В генераторе $N \approx 500$. Тогда из (8) найдем $F_r = \beta \cdot 10^{15}[\partial u \mu] = \beta \cdot 10^{10}[H]$. Величина коэффициента β, к сожалению, не известна. Примем $\beta \approx 10^{-8}$. Тогда найдем $F_r \approx 100[H]$.

3. Третий вариант

Постоянный магнит обладает магнитным моментом $\bar{p}$ и на него в неоднородном магнитном поле с индукцией $\bar{B}$ действует сила

$$F_2 = \mathrm{grad}(\bar{p} \cdot \bar{B}). \qquad (9)$$

Это означает, что магнит втягивается в область бОольших значений (с учетом знака) магнитной индукции [6]. В частности, если (см. рис. 2)

1. магнит направлен вдоль вектора $\bar{B}$,
2. направление вектора $\bar{B}$ и вектора индукции магнита $\bar{Br}$ противоположны,
3. магнит не может смещаться вдоль вектора $\bar{B}$,

то магнит будет смещаться параллельно вектору $\bar{B}$ в сторону меньших значений магнитной индукции $\bar{B}$. Это равносильно тому, что рамка с током, висящая над магнитом так, что ее плоскость перпендикулярна оси магнита, будет отталкиваться (при определенном направлении тока в рамке) от него вверх.

В рассматриваемых генераторах магниты ролика расположены относительно магнитного поля статора именно так, как определено в п.п. 1-3. Поэтому они будут смещаться относительно статора вверх или вниз – туда, где поле статора меньше.

На ротор в целом действует сила

$$F_r = N \cdot F_2. \qquad (10)$$

В начальный период магниты ролика и статора соосны и силы смещения не возникают. При разгоне ротора возникает смещение ротора d, вызванное силами (8). При этом магниты ролика попадают в область уменьшенной (по абсолютной величине) индукции статора (поскольку магниты ролика оказываются смещенными относительно магнитов статора). При этом возникают силы (10), стремящиеся еще более отдалить магниты ролика от магнитов статора. Таким образом, силы (10) "помогают" силам (8).

Возможно, силы (8) играют роль первого толчка, а затем вступают в действие силы (10), которые играют основную роль.

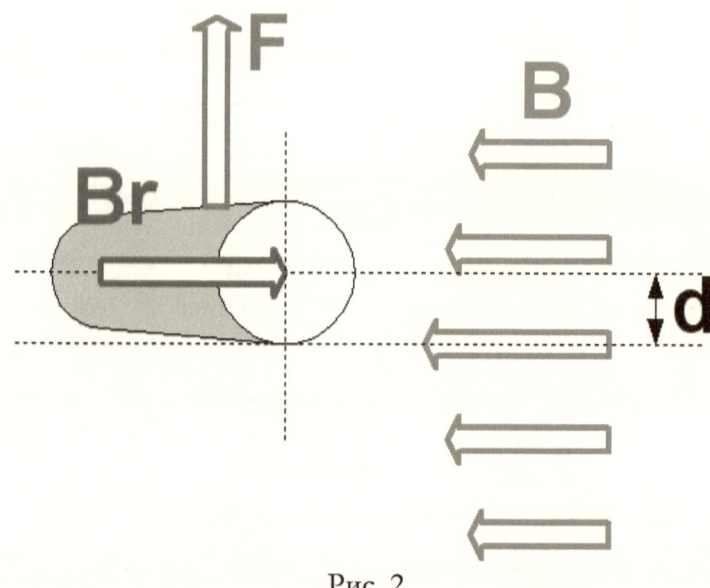

Рис. 2

Пример 3. Магнитный момент магнита может быть найден по формуле $P = MSH$, где M – намагниченность магнита, S – площадь сечения, H – высота. Для материалов с прямоугольной петлей гистерезиса $M \approx B_r / \mu_o$, $\mu_o = 4\pi 10^{-7} [\Gamma_H / M]$, где B_r – остаточная индукция. Если $B_r = 1 T_\Lambda$, то $M \approx 10^6 [A \cdot M]$. Если, далее, $S = 1 [MM^2] = 10^{-6} [M^2]$ $H = 3 [MM] = 3 \cdot 10^{-3} [M]$, то $P = 3 \cdot 10^{-3} [A \cdot M^2]$ Из (9) следует, что $F_2 = P \dfrac{\partial B}{\partial x}$, где ось ox направлена вдоль смещения d. Если $\dfrac{\partial B}{\partial x} = 3 [T / cM] = 300 [T / M]$, то $F_2 = 1 [H]$. Из (10) при находим $F_r = 500 [H]$.

4. Заключение

Рассмотренные явления объясняют природу подъемных сил в генераторах Серла и Рощина-Година. Эти силы возникают от взаимодействия электрических зарядов и магнитных моментов (жестко связанных с ротором) с магнитным полем статора, существующего независимо от статора. Поэтому для этих сил нет противоположно направленной силы, действующей на статор. Возникает безопорное движение, которое обычно считается невозможным в силу того, что оно нарушает третий закон Ньютона и следующий из него (в механике) закон сохранения импульса. Однако последний является более общим для физики законом и в данном случае (как и вообще в электродинамике [5]) учитывает также импульс электромагнитной волны.

Литература

1. The Searl Effect, from John Thomas of Rochester, NY. http://www.searleffect.com/
2. Рощин В.В., Годин С.М. Экспериментальное исследование физических эффектов в динамической магнитной системе. Письма в ЖТФ, 2000, том 26, вып. 24. http://www.ioffe.rssi.ru/journals/pjtf/2000/24/p70-75.pdf
3. Рощин В.В., Годин С.М. Устройство для выработки механической энергии и способ выработки механической энергии, патент РФ, H02N11/00, F03H5/00, 2000 г. http://macmep.h12.ru/roshin.htm
4. Ершов А.П. Электромагнитное поле, 2006. http://window.edu.ru/resource/375/28375/files/nsu255.pdf
5. Р. Фейнман, Р. Лейтон, М. Сэндс. Феймановские лекции по физике. Т. 6. Электродинамика. Москва, изд. "Мир", 1966.
6. Яворский Б.М., Детлаф А.А. Справочник по физике. "Физматтиз", Москва, 1963

Серия: **ФИЗИКА И АСТРОНОМИЯ**

Хмельник С.И.

Экспериментальное уточнение максвеллоподобных уравнений гравитации

Аннотация

Рассматриваются максвеллоподобные уравнения гравитации и эксперименты Самохвалова. Отмечается, что наблюдаемые эффекты настолько значительны, что для их объяснения в рамках указанных максвеллоподобных уравнений гравитации необходимо дополнить эти уравнения некоторым эмпирическим коэффициентом, который можно назвать гравитационной проницаемостью среды. Далее показывается, что при таком дополнении результаты экспериментов хорошо согласуются с модифицированными таким образом уравнениями гравитации. Дается грубая оценка величины этого коэффициента. Рассматриваются некоторые следствия из указанных уравнений, в частности, гравитационное возбуждение электрического тока, воздействие гравитомагнитной индукции на электрический ток. Указываются некоторые феномены, которые могут быть объяснены с привлечением указанных уравнений.

Оглавление

1. Вступление

Известны уравнения Максвелла для электромагнитного поля в форме (1), предложенной Хевисайдом [1] (формулы приведены в приложении 1). Хевисайд является также автором теории гравитации [2], в которой гравитационное поле описывается аналогичными по форме уравнениями (3). В дальнейшем было показано [3], что в слабом гравитационном поле при малых скоростях из основных уравнений ОТО можно вывести гравитационные аналоги уравнений электромагнитного поля, которые имеют тот же вид (3).

Итак, в слабом гравитационном поле Земли можно пользоваться максвеллоподобными уравнениями для описания гравитационных взаимодействий. Это означает, что существуют гравитационные волны, имеющие гравитоэлектрическую составляющую с напряженностью E_g и гравитомагнитную составляющую с индукцией B_g. На массу m, движущуюся в магнитном поле со скоростью v, действует <u>гравитомагнитная</u> сила Лоренца (аналог известной силы Лоренца) вида (в системе СГС)

$$F = \varsigma \frac{m}{c} \left[v \times B_g \right] \tag{1}$$

где ς - коэффициент, равный 1 у Хевисайда и равный 2 в ОТО.

Самохвалов [4-8] задумал и выполнил серию неожиданных и удивительных экспериментов, которые, по-видимому, можно объяснить взаимодействием неравномерных токов масс. Неравномерные токи масс J_g создают переменные гравитоэлектрическую напряженность E_g и гравитомагнитную индукцию B_g. При взаимодействии этой индукции с массами m, движущимися со скоростью v возникает гравитомагнитная сила Лоренца. Важно отметить, что эффекты настолько значительны, что для их объяснения в рамках указанных максвеллоподобных уравнений гравитации необходимо дополнить эти уравнения некоторым эмпирическим коэффициентом ξ. Далее показывается, что при таком дополнении результаты экспериментов хорошо согласуются с модифицированными уравнениями гравитации.

Итак, на основании экспериментов Самохвалова максвеллоподобные уравнения гравитации должны быть переписаны в виде

$$\mathrm{div}E_g = 4\pi Gm, \tag{2}$$

$$\mathrm{div}B_g = 0, \tag{3}$$

$$\mathrm{rot}E_g = -\frac{\xi}{c}\frac{\partial B_g}{\partial t}, \tag{4}$$

$$\mathrm{rot}B_g = \frac{4\pi G}{c}J_g + \frac{\xi}{c}\frac{\partial E_g}{\partial t}, \tag{5}$$

где величина коэффициента ξ определяется ниже из указанных экспериментов. Этот коэффициент можно назвать <u>гравитационной проницаемостью</u> среды.

2. Некоторые аналогии и следствия

Здесь мы рассмотрим некоторые аналогии между электродинамикой и гравитоэлектродинамикой, а также следствия из рассмотренных выше уравнений. На качественную аналогию такого рода указывает Самохвалов в [4-8]. Одно из следствий описано в [9].

2.1. Индукция кольцевого массового тока

Магнитный поток Φ, проходящий через площадь S витка длины L, по которому течет переменный электрический ток J, в системе СГС

$$\Phi = \frac{4\pi}{c}\cdot\frac{SJ}{L}. \tag{1}$$

Средняя по площади S индукция

$$B = \frac{4\pi J}{cL}. \tag{2}$$

Если виток является кольцом радиуса R, то

$$B = \frac{2J}{cR}.$$
(3)

Предположим теперь, что по кольцу течет переменный массовый ток J_g. Тогда, не рассматривая техническую реализацию, по аналогии из (1.5) получим

$$B_g = \frac{2GJ_g}{cR}.$$
(4)

2.2. Гравитационное возбуждение электрического тока

Из (1.4) следует, что гравитодвижущая сила, создаваемая гравитомагнитным потоком в контуре массового тока,

$$\varepsilon_g = \frac{\xi}{c} \cdot \frac{d\Phi_g}{dt},$$
(5)

что отличается коэффициентом ξ от аналогичной формулы в электродинамике.

Сила индукционного электрического тока в замкнутом контуре (в системе СГС)

$$J = \frac{1}{cR_e} \cdot \frac{d\Phi}{dt},$$
(5а)

где R_e - сопротивление движению этих электронов. Этот ток в металле создается свободными электронами с зарядом e_o. По аналогии с учетом (5) находим, что переменный гравитомагнитный поток Φ_g также создает вихревой индукционный массовый ток

$$J_g = \frac{\xi}{cR_m} \cdot \frac{d\Phi_g}{dt},$$
(6)

где R_m - сопротивление движению массовых частиц. Этот ток в металле создается свободными электронами с массой m_e. Тогда $R_m = R_e$ - сопротивлению движению этих электронов. В этом случае массовому току J_g соответствует электрический ток

$$J_{ge} = J_g \frac{e_o}{m_e}.$$

(7)

Известно, что

$$m_e \approx 9.1 \cdot 10^{-34}\,\text{г},\ e_o \approx 1.6 \cdot 10^{-19}\,\text{Кл},$$

(8)

$$\eta = \frac{e_o}{m_e} \approx 1.8 \cdot 10^{14}\,\frac{\text{Кл}}{\text{г}}.$$

Следовательно, сила индукционного электрического тока, создаваемого переменным гравитомагнитным потоком Φ_g,

$$J_{ge} = \frac{\xi\eta}{cR_e} \cdot \frac{d\Phi_g}{dt}.$$

(9)

Аналогично (7), электрическому току J соответствует массовый ток

$$J_{gm} = J \frac{m_e}{e_o}.$$

(9a)

Следовательно, сила массоваго тока, создаваемого переменным магнитным потоком Φ,

$$J_{gm} = \frac{1}{cR_e\eta} \cdot \frac{d\Phi}{dt}.$$

(9b)

2.3. Вращение пористого кольца

Рассмотрим кольцо со средним радиусом R, сделанное из пористого металла и электрически заряженное. Очевидно, заряды располагаются на поверхностях пор. Приближенно можно полагать, что плотность распределения зарядов по окружности кольца описывается функцией вида

$$\rho(\varphi) \approx \rho_o \cdot (1 + \sin(\lambda\varphi)),$$

(10)

где

ρ_o - константа,

φ - угловая координата,

λ - длина "волны", зависящая от среднего расстояния между порами.

Если привести кольцо во вращение с некоторой угловой скоростью ω, то плотность распределения зарядов по окружности кольца станет функцией от времени t вида

$$\rho(t) \approx \rho_o \cdot (1 + \sin(\lambda\omega t)),$$

(11)

Ток, текущий по кольцу,

$$J(t) = \frac{d\rho(t)}{dt} \approx \rho_o \cdot \lambda\omega \cdot \cos(\lambda\omega t),$$ (12)

где m_o - константа. Этот ток создает магнитный поток, перпендикулярный плоскости кольца. Средняя по площади кольца магнитная индукция этого потока определяется в системе СГС формулой (3). Следовательно, средняя по площади кольца магнитная индукция вращающегося заряженного пористого кольца

$$B \approx 2\rho_o\omega\lambda \cdot \cos(\lambda\omega t)\big/(cR).$$ (13)

По аналогии можно утверждать, что вращающееся пористое кольцо создает массовый ток

$$J_g(t) = \frac{dm(t)}{dt} \approx m_o \cdot \lambda\omega \cdot \cos(\lambda\omega t).$$ (14)

Тогда из (4) найдем, что этот ток создает переменную гравитомагнитную индукцию

$$B_g \approx 2m_o G\omega\lambda \cdot \cos(\lambda\omega t)\big/(cR).$$ (15)

2.4. Индукция движущегося тела

Известно, что индуция поля, создаваемого зарядом q, движущимся со скоростью $\bar{v}$, в некоторой точке, равна

$$\bar{B} = q\big(\bar{v} \times \bar{r}\big)\big/ cr^3.$$ (16)

При этом вектор $\bar{r}$ направлен из точки, где находится движущийся заряд q_1 в рассматриваемую точку. Аналогично, гравитомагнитная индукция поля, создаваемого массой m, движущейся со скоростью $\bar{v}$, в некоторой точке, равна

$$\bar{B_g} = Gm\big(\bar{v} \times \bar{r}\big)\big/ cr^3,$$ (17)

Поскольку, как показано в разделе 2.2, электронный ток является одновременно и массовым током, гравитомагнитная индукция может создавать Лоренцову силу, действующую на электрический ток.

2.5. Гравитомагнитная сила Лоренца

В определении гравитомагнитной силы Лоренца используется некоторая гравитоэлектрическая напряженность

$$E'_g = E_g + \frac{\varsigma}{c}\left[v \times B_g\right]$$

- см. (10) в приложении 1. По аналогии с (4) это выражение также должно быть дополнено коэффициентом ξ. При этом полная гравитомагнитная сила Лоренца получает следующее определение:

$$F = m\xi\left(E_g + \frac{\varsigma}{c}\left[v \times B_g\right]\right), \qquad (18)$$

что также отличается коэффициентом ξ от аналогичной формулы в электродинамике.

2.6. Гравитомагнитная сила Ампера

Известно, что на проводник с электрическим током $\overline{J}$ в магнитном поле с индукцией $\overline{B}$ действует сила Ампера (на единице длины)

$$\overline{F_a} = \frac{1}{c}\left(\overline{J} \times \overline{B}\right) \qquad (19)$$

Аналогично, на проводник с массовым током $\overline{J_g}$ в гравитомагнитном поле с индукцией $\overline{B_g}$ действует гравитомагнитная сила Ампера

$$F_{ag} = \frac{\varsigma\xi}{c}\left[J_g \times B_g\right] \qquad (20)$$

Рассмотрим случай, когда массовый ток является следствием электрического тока, т.е. частицы – переносчики заряда образуют массовый ток. Тогда

$$J_g = J\eta_2, \qquad (21)$$

$$\eta_2 = m/q, \qquad (22)$$

где m, q – масса и заряд частицы. При этом на проводник с электрическим током $\overline{J}$ в гравитомагнитном поле с индукцией $\overline{B_g}$ действует гравитомагнитная сила Ампера

$$F_{age} = \frac{\varsigma\xi\eta_2}{c}\left[\overline{J} \times \overline{B_g}\right] \qquad (23)$$

Например, если заряженной частицей является электрон, то

$$m_e \approx 9.1 \cdot 10^{-34}\,\text{г}, \quad e_o \approx 1.6 \cdot 10^{-19}\,\text{Кл},$$

$$\eta_2 = \frac{m_e}{e_o} \approx 0.6 \cdot 10^{-14}\,\frac{\text{г}}{\text{Кл}}. \tag{24}$$

Если же заряженной частицей является ион с массой $m = h \cdot m_e$, то

$$\eta_2 = \frac{h \cdot m_e}{e_o} \approx 0.6 h \cdot 10^{-14}\,\frac{\text{г}}{\text{Кл}}. \tag{25}$$

и для сложных молекул $\eta_2 \Rightarrow 1$. Таким образом, возможны значительные гравитомагнитные силы Ампера при взаимодействии гравитомагнитной индукции с электрическим током.

2.7. Плотность энергии магнитной волны

Известно, что плотность энергии электромагнитной волны [10],

$$W = \frac{B^2}{8\pi}\left[\frac{\text{г}}{\text{см} \cdot \text{сек}^2}\right] \tag{26}$$

Применяя приведенный там вывод для уравнений (1.2-1.5) гравитоэлектромагнитной волны, находим

$$W_g = \frac{\xi^2 B_g^2}{8\pi G}. \tag{27}$$

2.8. Индукция проводника с током

Известно, что магнитная индукция бесконечного проводника с электрическим током

$$B = 2J / (cd), \tag{28}$$

где d - расстояние от проводника до точки измерения. Аналогично, гравитомагнитная индукция бесконечного проводника с массовым током

$$B_g = 2GJ_g / (cd). \tag{29}$$

3. Некоторые экспериментальные оценки

Анализ экспериментов Самохвалова [4-8], выполненный в приложении 2, позволяет получить грубую оценку коэффициента ξ гравитационной проницаемости. Там показано, что для вакуума

$$\xi \approx 10^{12}. \tag{1}$$

Для воздушной среды этот коэффициент зависит от давления. При атмосферном давлении $\xi \Rightarrow 0$, что объясняет отсутствие видимых эффектов гравитационного взаимодействия движущихся масс.

Существует несколько феноменов, которые могут быть объяснены с привлечением рассмотренных выше уравнений (1.2-1.5) при существовании коэффициента ξ гравитационной проницаемости указанной величины – см. [9, 11-15].

Приложение 1. Уравнения электромагнетизма и гравитоэлектромагнетизма

Ниже приняты следующие обозначения:

- q - электрический заряд $\left[\sqrt{\text{г} \cdot \text{см}}\right]$;

- ρ - плотность электрического заряда $\left[\sqrt{\text{г} \cdot \text{см}}\middle/ \text{см}^3\right]$;

- J - плотность электрического тока $\left[\dfrac{1}{\text{см} \cdot \text{сек}}\sqrt{\dfrac{\text{г}}{\text{см}}}\right]$;

- c - скорость света в вакууме; $c \approx 3 \cdot 10^{10}\left[\text{см/сек}\right]$;

- E - напряжённость электрического поля $\left[\sqrt{\text{г} \cdot \text{см}}\middle/ \text{сек}^2 = 3 \cdot 10^4 \, \text{В/м}\right]$

- B - магнитная индукция $\left[\dfrac{1}{\text{сек}}\sqrt{\dfrac{\text{г}}{\text{см}}} = \text{Гс}\right]$;

- v - скорость $\left[\text{см/сек}\right]$;

- F - сила $\left[\text{дина} = \text{г} \cdot \text{см}\middle/ \text{сек}^2\right]$

- m - масса $\left[\text{г}\right]$;

- ρ_g - плотность массы $\left[\text{г}\middle/ \text{см}^3\right]$

- J_g - плотность тока массы $\left[\text{г}\middle/ \text{см}^2\text{сек}\right]$

- G - гравитационная постоянная, $G \approx 7 \cdot 10^{-8}\left[\dfrac{\text{дин} \cdot \text{см}^2}{\text{г}^2} = \dfrac{\text{см}^3}{\text{г} \cdot \text{сек}^2}\right]$;

- E_g - напряжённость гравитоэлектрического поля $\left[\text{см}\middle/ \text{сек}^2\right]$

- B_g - гравитомагнитная индукция $\left[\text{см}/\text{сек}^2\right]$

Уравнения Максвелла для электромагнетизма в гаусовой системе СГС имеют вид:

$$\text{div}E = 4\pi\rho, \tag{1}$$

$$\text{div}B = 0, \tag{2}$$

$$\text{rot}E = -\frac{1}{c}\frac{\partial B}{\partial t}, \tag{3}$$

$$\text{rot}B = \frac{4\pi}{c}J + \frac{1}{c}\frac{\partial E}{\partial t}. \tag{4}$$

Сила Лоренца для электрического заряда

$$F = qE + \frac{q}{c}\left[v \times B\right]. \tag{5}$$

Уравнения для гравитоэлектромагнетизма в гаусовой системе СГС имеют вид:

$$\text{div}E_g = 4\pi G\rho_g, \tag{6}$$

$$\text{div}B_g = 0, \tag{7}$$

$$\text{rot}E_g = -\frac{1}{c}\frac{\partial B_g}{\partial t}, \tag{8}$$

$$\text{rot}B_g = \frac{4\pi G}{c}J_g + \frac{1}{c}\frac{\partial E_g}{\partial t}. \tag{9}$$

Сила Лоренца для массы

$$F = mE_g + \varsigma\frac{m}{c}\left[v \times B_g\right] \tag{10}$$

где ς - коэффициент, равный 1 у Хевисайда и равный 2 в ОТО.

Приложение 2. Эксперименты Самохвалова
1. Эксперимент 1

Рассмотрим эксперимент Самохвалова, описанный в [4]. Два диска помещены в вакуумную камеру, разбалансированы (перекосом осей) и вращаются в одну сторону. При этом оба диска перегреваются. Технические параметры установки таковы:

- материал дисков   алюминий
- давление в камере   1Па
- плотность аллюминия $\rho \approx 2.7\text{г}/\text{см}^3$

- толщина дисков $h \approx 0.09 см$
- диаметр дисков $2R = 16.5 см$
- зазор между дисками $d \approx 0.3 см$
- биение по торцам $0.05 см$
- количество оборотов $f \approx 50 / сек$

- температура перегрева (в [4] сказано, что измеренное через нескольео минут повышение температуры составляло 50К)

Будем рассматривать вращение диска как массовый ток. Можно полагать, что этот ток образуется движением массы по окружности внешней полосы диска радиусом $R \approx 7 см$ и размером сечения

$$ S \approx 0.3 \cdot 2.5 см^2 \approx 7.5 см^2. \tag{1} $$

Скорость этой массы

$$ v = 2\pi R \cdot f \approx 2\pi \cdot 7 \cdot 50 \approx 2200 см / сек. \tag{2} $$

Следовательно, массовый ток

$$ J_g = S\rho v \approx 7.5 \cdot 2.7 \cdot 2200 = 4400 г / сек. \tag{3} $$

Этот ток является переменным из-за биения дисков. В соответствии с (2.4) этот ток вызывает переменную аксиальную (по оси ox диска) индукцию, среднюю по площади круга радиусом R,

$$ B_g = \frac{2GJ_g}{cR} \tag{4} $$

или

$$ B_g = \frac{2 \cdot 7 \cdot 10^{-8} \cdot 4400}{3 \cdot 10^{10} \cdot 7} \approx 3 \cdot 10^{-15}. \tag{5} $$

Эта индукция является переменной во времени из-за биений. Будем полать, что круговая частота этой индукции равна

$$ \omega \approx 2\pi f = 314. \tag{6} $$

В соответствии с (2.9), сила вихревого электрического тока, создаваемого переменным гравитомагнитным потоком,

$$ J_{ge} = \frac{\eta\xi}{cR_e} \cdot \frac{d\Phi_g}{dt}. \tag{7} $$

или

$$ \tag{8} J_{ge} = \frac{\eta\xi\omega}{cR} \cdot \Phi_g. $$

В нашем случае

$$\Phi_g = \beta \pi R^2 B_g = \beta \pi R^2 \cdot 3 \cdot 10^{-15}, \tag{9}$$

где β – коэффициент <u>ослабления</u> индукции на уровне ведомого диска (из-за зазора). Следовательно,

$$J_{ge} = \frac{\eta \omega \xi}{c R_e} \cdot \beta \pi R^2 B_g \tag{10}$$

или

$$J_{ge} = \frac{1.8 \cdot 10^{14} \xi \cdot 314}{3 \cdot 10^{10} R_e} \cdot \beta \pi 8.25^2 \cdot 3 \cdot 10^{-15} = \frac{\xi \beta}{R_e} 10^{-6}. \tag{10a}$$

Этот электрический ток повышает температуру диска. В эксперименте показано, что температура диска повысилась на $\Delta T \approx 100$ градусов. Рассмотрим эквивалентное напряжение

$$E_e = J_{ge} R_e \tag{11}$$

и будем полагать, что так повысить температуру диска могло бы напряжение E_e. Из (10а, 11) находим

$$E_e = \xi \beta 10^{-6}. \tag{12}$$

Предположим, что такое эквивалентное напряжение $E_e = 200$. Тогда найдем

$$\xi \beta \approx 2 \cdot 10^8. \tag{13}$$

Здесь ξ зависит от давления, а β зависит от зазора. Полагая, что $\beta \approx 1/d^2$ и зная $d \approx 0.3 см$, находим $\beta \approx 0.01$. Таким образом, на основании эксперимента Самохвалова можно предполагать, что <u>при указанных условиях</u> коэффициент гравитационной проницаемости при давлении 0.1 атм равен величине

$$\xi_p(0.1) \approx 2 \cdot 10^{10}. \tag{14}$$

2. Эксперимент 2

Рассмотрим эксперименты Самохвалова, описанные в [5]. Два диска помещены в вакуумную камеру, разбалансированы (перекосом осей). Первый из них вращается принудительно, а второй раскручивается за счет воздействия первого. Частота f_2 вращения второго (при постоянной частоте вращения первого) зависит от зазора между дисками d и давления в вакуумной камере p. Можно полагать, что частота вращения ведомого диска

$$f_2(p,d) = f_{2p}(p) \cdot f_{2d}(d). \tag{1}$$

В эксперименте исследуются эти зависимости.

Зависимость частоты от давления

$$f_2(p,d=0.2) = f_{2p}(p) \cdot f_{2d}(0.2) \tag{2}$$

дана в [5] на рис. 2, откуда находим:

```
p=[0.1 ,0.3 ,0.5 ,0.7,0.9,1] (атм),
f=[24, 17, 8, 2, 0.2, ε ],
```

где ε — малая величина, которую не представляется возможным определить по результатам эксперимента. На рис. 1 показана эта экспериментальная зависимость (кружками) и (сплошной линией) аппроксимирующая функция в виде полинома 5-ой степени. В частности, имеем

$$f_2(0.1,0.2) = 25, \quad f_2(0,0.2) \approx 37. \tag{2a}$$

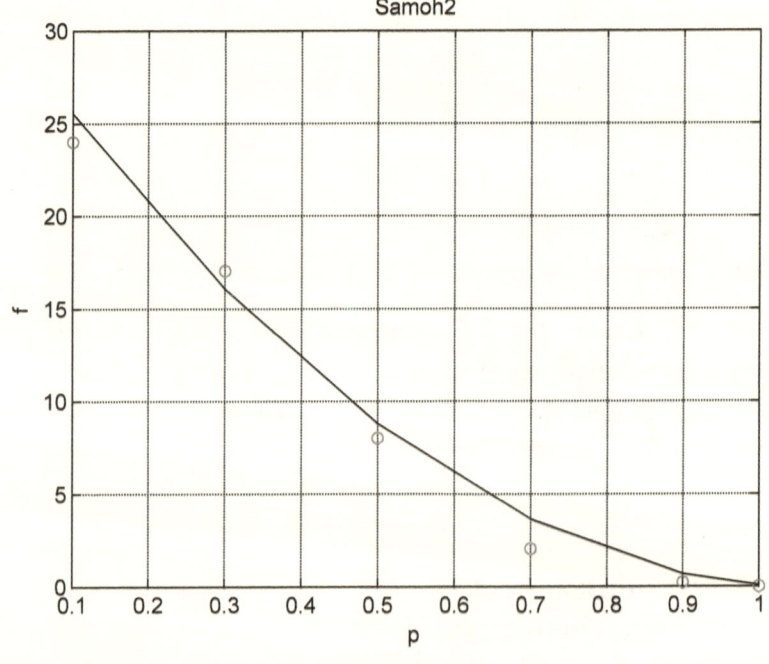

Рис. 1.

Зависимость частоты от расстояния дана в [5, рис. 3], откуда находим:

```
d=[0.15, 0.2, 0.25, 0.3] (см),
f1=[24, 17, 6, 5] при p = 1атм,
f102=[30, 25, 12, 10] при p = 1.02атм.
```

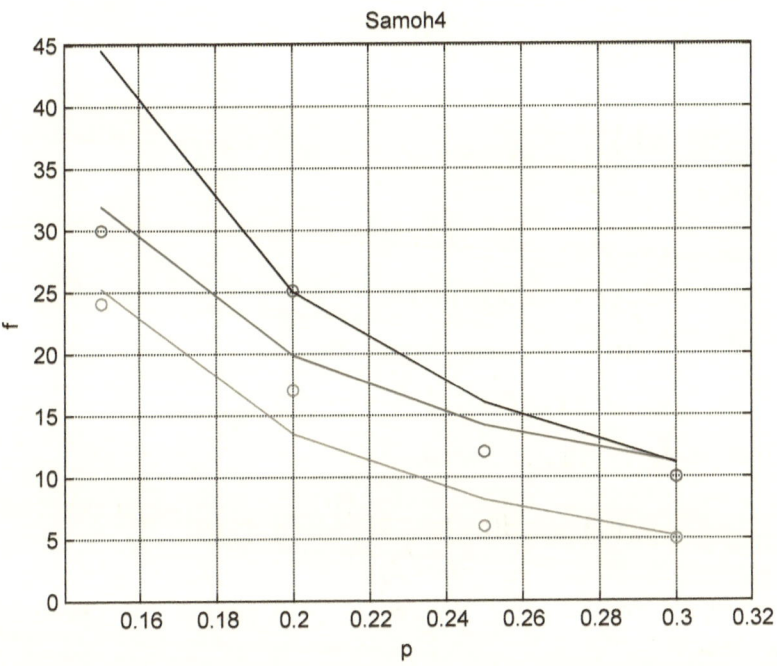

Рис. 2.

На рис. 2 показаны эти экспериментальные зависимости (кружками), их аппроксимирующие функции (сплошной линией) вида $a + b/d^2$ и функция

$$f_{2d}(d) = 1/d^2.\qquad(3)$$

В первом приближении для дальнейшего будем пользоваться функцией (2). В частности, при $d = 0.3$ (см) имеем $f_{2d}(0.2) \approx 25$.

Анализ функций $f_{2p}(p)$ и $f_{2d}(d)$

Учитывая (2, 3), находим:

$$f_{2p}(p) = f_2(p,0.2)/f_{2d}(0.2) = 0.04 f_2(p,0.2).\qquad(4)$$

В частности, из (2a) находим:

$$f_{2p}(0.1) = 0.04 f_2(0.1,0.2) = 0.04 \cdot 25 = 1,\qquad(5)$$

$$f_{2p}(0) = 37 \cdot 25 \approx 1000.\qquad(6)$$

Из (1, 3, 4) получаем:

$$f_2(p,d) = 25\, f_2(p, d = 0.2) \big/ d^2 . \tag{7}$$

Ниже в (3.7) показано, что

$$f_{2p}(p) = \vartheta \cdot \xi_p^2(p). \tag{8}$$

Таким образом,

$$\xi_p(p) \approx \sqrt{\frac{f_{2p}(p)}{\theta}}, \tag{9}$$

Из (9) следует, что

$$\frac{\xi_p(0)}{\xi_p(p)} \approx \sqrt{\frac{f_{2p}(0)}{f_{2p}(p)}}, \tag{10}$$

В эксперименте 1 показано, что

$$\xi_p(0.1) \approx 2 \cdot 10^{10}. \tag{11}$$

Совмещая (5, 10, 11), получаем:

$$\xi_p(0) \approx \xi_p(0.1) \sqrt{\frac{f_{2p}(0)}{f_{2p}(0.1)}} \approx 2 \cdot 10^{10} \sqrt{\frac{1000}{1}} \approx 6 \cdot 10^{11}$$

Отсюда находим грубую оценку гравитационной проницаемости вакуума:

$$\xi \approx 10^{12}. \tag{13}$$

3. Роль гравитомагнитных сил Лоренца

В экспериментах Самохвалова ведущий диск увлекает ведомый диск. Ниже предлагается объяснение механизма такого явления. Самохвалов отмечает, что сначала возникает вибрация ведущего диска, а затем начинается вращение ведомого диска – далее см. рис. 3.

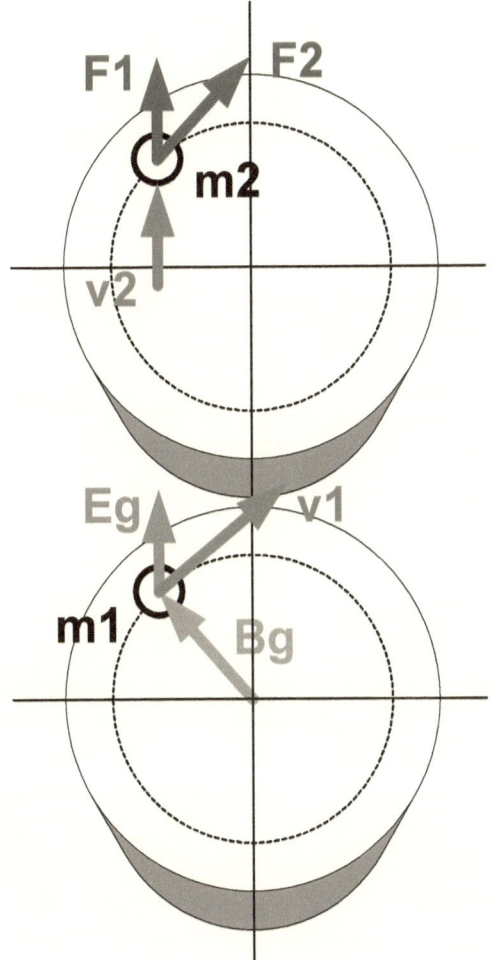

Рис. 3.

Вибрация дисков объясняется следующим образом. Выше, при анализе эксперимента 1, показано, что ведущий диск представляет собой переменный массовый ток (1.3) с круговой частотой (1.6). "Пульсирующая" масса m_1 создает переменную электрогравитационную напряженность

$$E_g = \frac{Gm_1}{d^2},$$

(0)

где d - зазор между дисками. Эта напряженность направлена перпендикулярно плоскости дисков и на уровне ведомого диска воздействует на его массу m_2 силой (2.18):

$$F_1 = m_2 \xi E_g.\tag{1}$$

Выше, при анализе эксперимента 1, показано, что массы m_1, m_2 являются массой окружности внешней полосы диска радиусом $R \approx 7 см$ и размером сечения (1.1). Эта масса равна

$$m_1 = m_2 = 2\pi R S \rho.\tag{2}$$

Сила F_1 направлена перпендикулярно плоскости диска (как и напряженность E_g) и меняется с частотой $f \approx 50/сек$, вызывая вибрацию ведомого диска. Очевидно, скорость v_2 этой вибрации пропорциональна силе F_1, т.е.

$$v_2 = \alpha F_1,\tag{3}$$

где α — некоторая константа.

Этой же силой можно объяснить "колебательный характер процесса отталкивания экрана с нарастанием амплитуды колебаний (угла отклонения рамки), при установившейся частоте вращения диска", что фиксируется в экспериментах Самохвалова, описанных в [8].

Вращающая сила, действующая на ведомый диск, объясняется следующим образом. Гравитомагнитная индукция B_g (1.4), создаваемая ведущим диском, направлена перпендикулярно массовому току ведущего диска, т.е. по радиусу диска и параллельно его плоскости. Эта индукция действует на вертикально вибрирущую массу m_2 ведомого диска гравитомагнитной силой Лоренца (2.18):

$$F_2 = m_2 \xi v_2 B_g \frac{\varsigma}{c}.\tag{4}$$

Эта сила направлена по касательной к окружности диска, т.к. перпендикулярна направлениям индукции B_g (которая направленна по радиусу диска) и скорости v_2 (которая напрвлена перпендикулярно плоскости диска). Благодаря тому, что скорость v_2 вибрации и индукция B_g изменяются синхронно, вектор этой силы не меняет направление. Очевидно, скорость вращения ведомого диска пропорциональна силе F_2, т.е. количество его оборотов

$$f_2 = \gamma F_2, \tag{5}$$

где γ – некоторая константа. Объединяя (1-5), получаем

$$f_2 = \gamma m_2 \xi v_2 B_g \frac{\varsigma}{c} = \gamma m_2 \xi B_g \frac{\varsigma}{c} \alpha F_1 =$$

$$= \gamma m_2 \xi B_g \frac{\varsigma}{c} \alpha m_2 \xi E_g = \alpha \gamma (m_2 \xi)^2 \frac{\varsigma}{c} B_g E_g \tag{6}$$

Таким образом, количество оборотов ведомого диска

$$f_2 = \vartheta \cdot \xi^2. \tag{7}$$

т.е. пропорционально величине ξ^2 с некоторым коэффициентом пропорциональности

$$\vartheta = \alpha \gamma m_2^2 \frac{\varsigma}{c} B_g E_g. \tag{8}$$

Это соотношение использовано выше при анализе эксперимента 2.

Литература

1. Уравнения Максвелла. Википедия.
2. Oliver Heaviside. A Gravitational and Electromagnetic Analogy. Part I, The Electrician, 31, 281-282 (1893), http://serg.fedosin.ru/Heavisid.htm
3. Гравитомагнетизм. Википедия.
4. Самохвалов В.Н. Массодинамическое и массовариационное взаимодействие движущихся тел. «Доклады независимых авторов», изд. «ДНА», Россия – Израиль, 2009, вып. 13, ISBN 978-0-557-18185-8, printed in USA, Lulu Inc. – C. 110-159.
5. Самохвалов В.Н. Квадрупольное излучение вращающихся масс. "Доклады независимых авторов", изд. "ДНА", Россия – Израиль, 2010, вып. 14, ISBN 978-0-557-28441-2, printed in USA, Lulu Inc. – C. 112-145.
6. Самохвалов В.Н. Силовое действие массовариационного излучения на твердые тела. Доклады независимых авторов», изд. «ДНА», Россия – Израиль, 2010, вып. 15, ISBN 978-0-557-52134-0, printed in USA, Lulu Inc. – C. 175-195.

7. Самохвалов В.Н. Исследование силового действия и отражения квадрупольного излучения вращающихся масс от твердых тел. «Доклады независимых авторов», изд. «ДНА», Россия – Израиль, 2011, вып. 18, ISBN 978-1-257-04063-6, printed in USA, Lulu Inc. – С. 165-187.

8. Самохвалов В.Н. Силовые эффекты при массодинамическом взаимодействии в среднем вакууме. «Доклады независимых авторов», изд. «ДНА», ISSN 2225-6717, Россия – Израиль, 2011, вып. 19, ISBN 978-1-105-15373-0, printed in USA, Lulu Inc. – С. 170-181.

9. Хмельник С.И. Детектирование гравитационных волн. «Доклады независимых авторов», изд. «ДНА», ISSN 2225-6717, Россия – Израиль, 2012, вып. 20, ISBN 978-1-300-07217-1, printed in USA, Lulu Inc., ID 13109103

10. Савельев И.В. Основы теоретической физики. Том 1 – механика, электродинамика. Москва, Физматгиз, 1991.

11. Хмельник С.И. Механизм возникновения и метод расчета турбулентных течений, данный выпуск

12. Хмельник С.И. К теории лозоходства, данный выпуск

13. Хмельник С.И. Активное поле пчелиных сот, данный выпуск

14. Хмельник С.И., Хмельник М.И. Дополнительные силы взаимодействия небесных тел, данный выпуск

15. Хмельник С.И. Звук и гравитация, данный выпуск

Серия: ФИЗИКА И АСТРОНОМИЯ

Эткин В.А.

О взаимодействиии вращающихся тел

Аннотация

Дано объяснение экспериментальных фактов, свидетельствующих о взаимодействии вращающихся масс, с позиций энергодинамики. Показано, что это взаимодействие не сводимо к известным четырем его видам и обусловлено неравномерным распределением в пространстве момента импульса. Получено выражение для расчета торсионной силы

Оглавление

1. Экспериментальные факты

В опубликованных материалах неоднократно приводились факты, убедительно свидетельствующие о взаимодействии вращающихся тел друг с другом и с окружающими их неподвижными телами. Одним из первых свидетельств такого рода являлся индикатор Мышкина, построенный им в начале XX столетия и реагировавший на вращение находящегося вне его гироскопа [1]. Этот индикатор представлял собой стеклянный сосуд с подвешенным в нем на тонкой нити (или паутине) диском диаметром 30-40 мм. из алюминиевой фольги. При раскрутке рядом расположенного гироскопа диск индикатора медленно отклонялся от своего первоначального положения на некоторый угол и находился в этом положении до тех пор, пока длился опыт. После отключения гироскопа диск медленно возвращался в исходное положение [1].

Одним из первых «гироскопический эффект», заключающийся в уменьшении веса вращающихся гироскопов, наблюдал Н.

Козырев [2]. В его опытах изменение веса гироскопа происходило вдоль оси вращения массы, причем в зависимости от направления вращения гироскопа происходило либо уменьшение, либо увеличение его веса.

Проявления взаимодействия вращающихся масс в макромире многообразны. Один из них – эффект возникновения «гироскопической тяги» –демонстировался еще в 1974 году Э. Лэйтвэйтом (Eric Laithwaite) во время его знаменитой рождественской лекции в Королевском Институте Великобритании [3]. В этом опыте раскрученный гироскоп весом 10 кг подвешивался за один из концов ротора к вертикальной струне и, будучи отпущенным, приходил к движению по спирали, вызывая отклонение подвеса от вертикали.

Другой эффект – кажущееся «обезвешивание» вращающихся масс. В этом отношении заслуживают внимания прецизионные измерения веса вращающихся гироскопов, выполненные в 1989 году японскими физиками Х. Хидео Хайасака и С. Такеучи [4]. Их исследования показали, что при скоростях $(12\text{-}13)\cdot10^3$ об/мин 175-граммовый гироскоп теряет в весе до 10 миллиграмм. Кроме того, они установили, что горизонтально вращающийся ротор легче неподвижного, а вращающийся по часовой стрелке легче вращающегося против часовой на величину порядка $7\cdot10^{-8}$ % [4]. Сами исследователи не смогли объяснить причину такого эффекта. Тем не менее они заявили о теоретической возможности получения «антигравитации» и полного нарушения притяжения. Эти выводы, по их мнению, следуют из результатов экспериментов по свободному падению гироскопов, которые были осуществлены другими японскими физиками Х. Танакой, Т. Хашидом и Т. Щубачи.

Еще один эффект был обнаружен в экспериментах Е. Подклетнова [5], наблюдавшего уменьшение веса предмета, расположенного над сверхпроводящим вращающимся диском, находящимся в магнитном поле.

Наиболее впечатляющими в отношении уменьшения веса явились эксперименты В. Рощина и С. Година на установке массой 350 кг., названной ими электромагнитным конвертором [6]. При раскрутке ротора конвертора внешним электродвигателем наблюдалось уменьшение его веса по показаниям пружинных весов на 35...50% . При наступлении резонансного режима (при числе оборотов порядка 500...600 об/мин.) они наблюдали также проявление «эффекта Сёрла» – самопроизвольное ускорение ротора с расположенными по его периферии роликообразных постоянных магнитов после отключения разгонного электродвигателя. Однако столь значительная потеря веса объясняется скорее всего смещением ротора по вертикали в новое равновесное положение без потери его веса, возможность чего будет показана ниже.

Подтверждением многообразия проявлений взаимодействия вращающихся тел с их окружением служат также эксперименты А.Л. Дмитриева с сотрудниками, результаты которых впервые были опубликованы в 2001 г. [7]. В их установке в закрытый контейнер помещались два соосных гироскопа с горизонтальной осью вращения. В экспериментах измерялось ускорение свободного падения контейнера, для чего на нем был закреплен высокостабильный генератор импульсов длительностью 0,13 мс, подключенный к двум разноцветным светодиодам, расположенным вдоль траектории падения контейнера. Траектория падающего контейнера фотографировалась цифровой камерой с выдержкой 0,5-0.6 с., которая засекала координаты центров диафрагм, установленных перед светодиодами с последующей оцифровкой результатов на компьютере. Для уменьшения влияния искажений изображения вследствие дисторсии средний масштаб изображения рассчитывался по трем отсчетам длины - в верхней, центральной и нижней частях траектории. Эти эксперименты показали, что при угловой скорости вращения гироскопов 20 000 об/мин наблюдалось систематическое увеличение ускорения свободного падения контейнера величиной 10 ± 2 см/с^2.

Весьма детальные исследования взаимодействия вращающихся масс выполнил С.В.Плотников [8]. В его экспериментах стандартный гироскоп авиационного автопилота массой 540 грамм жестко крепился на чаше аналитических весов класса АДВ-200М, причем для компенсации его веса была предусмотрена его пружинная подвеска. Питание гироскопа осуществлялось напряжением 12 вольт через 3-х фазный преобразователь на 400В, который предусматривал возможность плавного изменения скорости до $20 \cdot 10^3$ об/мин с переключением направления вращения. Результаты эксперимента показаны на рис. 1.

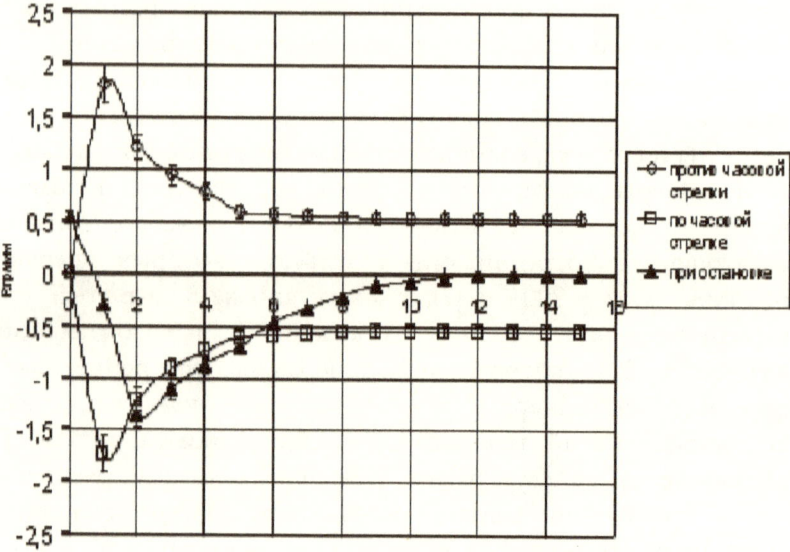

Рис.1. Зависимость веса гироскопа от времени

Как следует из рисунка, при вращении гироскопа по часовой стрелке (совпадающем с направлением вращения Земли) вес гироскопа увеличивается, а при его вращении против часовой стрелки, наоборот, уменьшается. При этом наиболее резкое изменение веса происходит в процессе раскрутки гироскопа. Затем по мере набора оборотов величина эффекта плавно снижается и принимает стационарное значение, изменяющееся с изменением напряжения питания от 12 до 15 В от 430 мг до 540мг. При подвесе гироскопа перпендикулярно весам наблюдается аналогичное изменение веса, но стационарное значение оказывается меньшим и равным 280 мг. Аналогичная картина наблюдается и при отключении питания гироскопа. При этом вес его резко уменьшается и затем плавно восстанавливается.

Аналогичные эксперименты были проведены Плотниковым для взаимодействия двух гироскопов, второй из которых подвешивался к потолку на удалении 3 см. от центра масс первого. При вращении гироскопов в одном направлении вес 1-го из них увеличивался на 150 мг., изменяя знак при вращении в противоположные стороны. При перпендикулярном расположении осей гироскопов изменения веса гироскопа не наблюдалось.

Серию исследований взаимодействия близкорасположенных вращающихся дисков в вакууме выполнил В.Н. Самохвалов [9]. В его установке на роторах двух соосных электродвигателей постоянного тока закреплялись два алюминиевых диска диаметром

165 мм. Верхний диск был подвешен к ротору электродвигателя на нитях, нижний диск – жестко закреплен на фланце ротора другого электродвигателя. Зазор между дисками составлял 2-3 мм. При раскрутке нижнего диска помимо их нагрева наблюдалось вынужденное вращение верхнего незаторможенного диска, механически с ним не связанного. При этом частота этого вращения на воздухе при прочих равных условиях была на два порядка ниже, чем при вращении дисков в вакууме. Если же верхний диск был заторможен, наблюдался его подъем вследствие отталкивания вращающимся диском. То же самое отталкивание происходило и с другими близкорасположенными неподвижными предметами, например, рычагами. Эти эффекты не зависели от материала дисков, что доказывало неэлектромагнитную природу данного взаимодействия. Попытки обнаружить возникновение электрического поля вблизи торцов дисков при их вращении также оказались безуспешными. Экспериментатор приписывает этот эффект некоторому «квадрупольному излучению».

Весьма важную информацию о эффекте гироскопической тяги дает эксперимент канадского исследователя Г.А. Голушко [10], являющийся повторением упомянутого выше опыта Эрика Лэйтвэйта. Экспериментальная установка представляла собой раскручиваемый вручную гироскоп массой $M = 98$ г., подвешенный на нити длиной $l = 224$ см и снабженный лазерной указкой, оставлявшей световое пятно на горизонтально расположенном линованом листе бумаги. В отличие от установки Лэйтвэйта, гироскоп был изолирован от окружающего воздуха бумажными экранами конической формы. На одном из концов оси гироскопа была закреплена стрелка-указатель, предназначенная для определения ориентации оси гироскопа. Положение светового пятна и стрелки-указателя отслеживается с помощью видеосъёмки, проводимой с двух ракурсов: сверху и сбоку. Благодаря этому автору удалось произвести измерение траектории движения гироскопа, обусловленной тягой гироскопа, и ориентации его оси относительно нормали к траектории (рис.2). В результате экспериментов было установлено, что гироскоп представляет собой незамкнутую систему, вектор тяги которой направлен вдоль оси гироскопа.

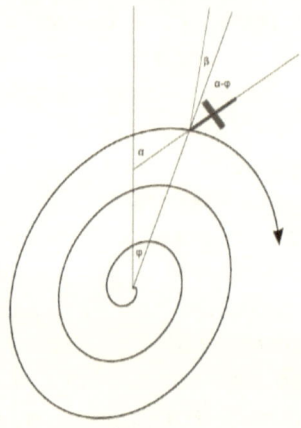

Рис.2. Траектория раскрутки гироскопа

Этот эксперимент обнаружил волнообразный характер изменения отклонения подвеса от вертикали, обусловленный изменением направления вектора гироскопической тяги (ускорением и замедлением движения гироскопа). При разгоне ось гироскопа и вектор его тяги ориентированы в сторону движения. Однако по мере увеличения угловой скорости ось гироскопа начинает «отставать», и вектор тяги поворачивается в сторону, противоположную движению. В результате торможении угловая скорость движения гироскопа уменьшается, и «отстаёт» груз. Это повторяется многократно, что и обусловливает волнообразный характер его движения по спирали. Характерно, что при симметричной подвеске корпуса гироскопа, когда оба конца его ротора вращаются свободно, среднее отклонение его от вертикали равно нулю.

Объяснения, даваемые авторами этого и других упомянутых здесь экспериментов, выходят за рамки существующих теорий. Единственной на сегодняшний день теорией, из которой существование специфического «торсионного» взаимодействия вытекает без каких-либо дополнительных гипотез, является энергодинамика. Покажем это по возможности кратко.

2. Теория

Существование специфического, не сводимого к другим взаимодействия между вращающимися телами или телом и окружающей его средой, непосредственно вытекает из энергодинамики, обобщающей термодинамику на пространственно неоднородные системы и нетепловые формы движения [11]. Эта теория рассматривает в качестве объекта исследования всю совокупность взаимодействующих (взаимно движущихся) тел или частей системы, рассматривая её как единое неравновесное целое. Основное уравнение энергодинамики таких систем учитывает все протекающие в них процессы и имеет вид тождества:

$$dE \equiv \Sigma_i \Psi_i\, d\Theta_i - \Sigma_i \mathbf{F}_i \cdot d\mathbf{r}_i - \Sigma_i \mathbf{M}_i \cdot d\boldsymbol{\varphi}_i, \qquad (1)$$

где E – полная энергия системы; Θ_i – обобщенные координаты состояния системы: её объема V, энтропия S, масса m, числа молей k-х вещества N_k, заряд $З$, компоненты P_α импульса системы $\mathbf{P}$, компоненты L_α его момента $\mathbf{L}_\alpha$ ($\alpha = 1,2,3$) и т.д.; $\Psi_i \equiv (\partial E/\partial\Theta_i)$ – обобщенные потенциалы системы типа абсолютного давления p и температуры T, энтальпии h и химических потенциалов k-х веществ μ_k, электрического потенциала φ, компоненты v_α и ω_α векторов скорости поступательного и вращательного движения $\mathbf{v}$ и $\boldsymbol{\omega}$ и т.д.; $\mathbf{F}_i \equiv -(\partial E/\partial \mathbf{r}_i)$ $\mathbf{M}_i \equiv -(\partial U/\partial\boldsymbol{\varphi}_i)$ силы в их обычном (ньютоновском) понимании; $\mathbf{M}_i \equiv -(\partial E/\partial\boldsymbol{\varphi}_i)$ – их крутящие моменты; $i = 1, 2, \ldots, n$ – число составляющих энергии системы.

В этом выражении члены первой суммы характеризуют работу объемной деформации системы как целого, теплобмен и массообмен её с окружающей средой, диффузию k-х веществ через её границы, электризацию системы, поступательное и вращательное ускорение её как целого и т.д., т.е. воздействия, не нарушающие внутреннего равновесия в системе. Вторая сумма этого выражения, напротив, характеризует работу, совершаемую внешними или внутренними силами $\mathbf{F}_i$ против равновесия в ней. Эта работа связана с перераспределением параметров Θ_i по объему системы V и смещением центра их величины на расстояние $d\mathbf{r}_i$. Наконец, третья сумма (1), интересующая нас более всего, характеризует работу, совершаемую внешними или внутренними крутящими моментами при переориентации системы во внешних полях (её повороте на пространственный угол $\boldsymbol{\varphi}_i$

При таком подходе (от целого к части) несложно убедиться в противоположной направленности процессов, протекающих в отдельных частях такой системы. Например, представляя модуль L_ω момента импульса системы $\mathbf{L}_\omega = \mathbf{r} \times \mathbf{P}$ в виде интеграла от его плотности ϱ_ω по объему V системы $L_\omega = \int \varrho_\omega dV$, а затем выражая ту же величину через среднее значение $\varrho_{\omega 0}$ этой плотности $L_\omega = \int \varrho_{\omega 0} dV$, находим, что производная по времени t от выражения $\int(\varrho_\omega - \varrho_{\omega 0})dV$ тождественно равна нулю:

$$\int [d(\rho_\omega - \rho_{\omega 0})/dt]dV = 0 . \qquad (2)$$

Равенство этого интеграла нулю возможно в двух случаях: когда производные $d(\varrho_\omega - \varrho_{\omega 0})/dt$ во всех точках объёма системы равны нулю (т.е. никаких процессов в системе не происходит), и когда хотя бы часть этих величин имеет противоположный знак, взаимно компенсируясь. Таким образом, внутри неоднородной системы всегда протекают *противонаправленные* процессы. Например, при раскрутке гироскопа, подвешенного за один конец ротора) до скорости ω остальная часть системы приобретает равный по величине, но обратный по знаку момент импульса L_ω. Его наличие может быть незаметным на глаз, если момент инерции этой части I_ω намного больше момента инерции гироскопа $I_{\omega\Gamma}$, однако в силу закона сохранения I_ω отличен от нуля. Это лишает всякого основания утверждения об отсутствии реакции на раскрутку гироскопа со стороны окружающей его среды.

Если величина момента импульса L_ω распределена по объёму системы неравномерно, положение центра её величины (её радиус-вектор $\mathbf{r}_i$) определяется известными выражениями:

$$\mathbf{r}_\omega = L_\omega^{-1} \int \rho_\omega(\mathbf{r},t)\mathbf{r}dV , \qquad (3)$$

где $\varrho_\omega(\mathbf{r},t)$ – плотность момента импульса в точке поля с координатой $\mathbf{r}$.

Сопоставляя эту величину с радиус вектором $\mathbf{r}_{\omega 0} = L_\omega^{-1} \int \varrho_{\omega 0}(t)\mathbf{r}dV$ той же величины L_ω в однородном состоянии с плотностью $\varrho_{\omega 0}(t)$, найдём, что в системе с неоднородным «полем завихренности» происходит смещение центра величины L_ω от его равновесного положения на расстояние $\Delta\mathbf{r}_\omega = \mathbf{r}_\omega - \mathbf{r}_{\omega 0}$, в связи с чем возникает некоторый «момент распределения» этой величины [11]:

$$\mathbf{Z}_\omega = L_\omega\Delta\mathbf{r}_\omega = \int [\rho_\omega(\mathbf{r},t) - \rho_{\omega 0}(t)]\mathbf{r}dV . \qquad (4)$$

Поскольку фактически $\mathbf{L}_\omega$ – вектор, нормальный к направлению к вектору смещения $\Delta\mathbf{r}_\omega$, момент $\mathbf{Z}_\omega$ выражается векторным произведением $\Delta\mathbf{r}_\omega \times \mathbf{L}_\omega$ и потому направлен в ту же сторону, что и крутящий момент $\mathbf{M}_\omega$. Он характеризует удаление системы от состояния «однородной завихренности», т.е. служит мерой неоднородности поля угловых скоростей в ней и является одним из параметров пространственной неоднородности системы. Число таких параметров в общем случае равно числу составляющих энергии системы, неравномерное распределение которых они и характеризуют. Отличие $\mathbf{Z}_\omega$ и $\mathbf{M}_\omega$ от нуля свидетельствует о том, что кинетическая энергия вращения E_ω зависит не только от величины момента инерции L_ω, но и от его положения в пространстве $\mathbf{r}_\omega$, как и любые другие составляющие внешней энергии. Наличие градиента энергии вращения порождает некоторую силу $\mathbf{F}_\omega$ в её обычном (ньютоновском) понимании, которая стремится возвратить систему в исходное (равновесное) состояние с $\mathbf{Z}_\omega = 0$. В энергодинамике эта сила, которую мы для краткости будем называть *гироскопической*, определяется так же, как и для потенциальных форм энергии, т.е. как взятая с обратным знаком производная от энергии рассматриваемой системы E по её пространственной координате $\mathbf{r}_\omega$:

$$\mathbf{F}_\omega \equiv - (\partial E / \partial \mathbf{r}_\omega). \tag{5}$$

Таким образом, мы приходим к заключению о существовании в неравномерно вращающихся средах ещё одного вида взаимодействия, не сводимого к 4-м известным его видам (сильному, слабому, электромагнитному и гравитационному).

Обратимся теперь к членам 3-й суммы (1) и рассмотрим случай, связанный с вращением частей системы с угловой скоростью $\boldsymbol{\omega} = d\varphi/dt$. Величину вращающего момента M_ω в этом процессе можно найти по мощности этого процесса $N_\omega = dE_\varphi^{\,k}/dt = I\omega(d\omega/dt) = M_\omega\omega$, откуда следует эйлеровское выражение ускоряющего момента $M_\omega = Id\omega/dt$, аналогичное закону Ньютона для поступательного ускорения $F = mdv/dt$. В системах с неоднородной завихренностью угловая скорость зависит от координаты поля $\mathbf{r}$ и времени t, т.е. $\omega = \omega(\mathbf{r},t)$, и её полная производная по времени определяется выражением

$$d\omega/dt = (d\omega/dt)_\mathbf{r} + (\mathbf{v}\cdot\nabla)\omega . \tag{6}$$

Описываемое этой формулой угловое ускорение включает наряду с локальной составляющей углового ускорения $(d\omega/dt)_\mathbf{r}$ так называемую конвективную составляющую $M_\omega^{\,k}$, характеризующую ускорение, связанное с перемещением вращающегося тела в поле завихренности с градиентом угловой скорости $\nabla\omega$. Эта составляющая крутящего момента определяется выражением

$$M_\omega^{\,k} = I\mathbf{v}\cdot\nabla\omega , \tag{7}$$

что свидетельствует о существовании в природе еще одного вида силового взаимодействия, осуществляемого переносом частицами вещества вихревого движения. Это явление, изучаемое в гидро-и аэродинамике, может иметь место и в эфире, что и обнаруживают, по-видимому, упомянутые выше эксперименты Самохвалова.

Таким образом, экспериментально наблюдаемые явления возникновения гироскопической силы и передачи вращательного движения от одних тел к другим вытекают из энергодинамики без каких-либо дополнительных гипотез и постулатов.

Литература

1. Мышкин В. П. Движение тела находящегося в потоке лучистой энергии. Журнал Русского физико-химического общества. 1906 г., т. 43.

2. Козырев Н.А. Причинная или несимметричная механика в линейном приближении. Пулково, 1958, 232 с.

3. Hayasaka H., Takeuchi S. Anomalous Weight Reduction on a Gyroscope's Right Rotation around the Vertical Axis on the Earth. Phys. Rev. Lett.,1989, ? 25, P.2701.

4. Lathwaite E. /http://www.youtube.com/watch,1974.

5. Podkletnov E., Nieminen R. A possibility of gravitational force shielding by bulk $YBa_2Cu_3O_7$ superconductor. http://www.ufo.obninsk.ru/ag2.htm.

6. Рощин В., Годин С. Экспериментальное исследование физических эффектов в динамической магнитной системе. Письма в ЖТФ, 2000, Вып.24, С.26.

7. Dmitriev A.L., Snegov V.S. Measuring Techniques, 44, 831 (2001).

8. Плотников С.В. Взаимодействие вращающихся масс. http://ntpo.com от 17.04.2004г.

9. Самохвалов В.Н. Экспериментальное исследование массодинамического взаимодействия вращающихся дисков. SciTecLibrary.ru, 18.04.2008.

10. Голушко Г. А. Обнаружение гироскопической тяги. ©Copyright, февраль, 2010.

11. Эткин В.А. Энергодинамика (синтез теорий переноса и преобразования энергии). С.-Пб., «Наука», 2008.-409 с.

Серия: **ФИЗИКА И БИОЛОГИЯ**

Хмельник С.И.

Активное поле пчелиных сот

Аннотация

Показывается, что в окрестности пчелиных сот существует немонотонное гравитационное поле. Рассматривается структура этого поля. Предполагается, что это поле является причиной специфического воздействия пчелиных сот на биологические объекты. Описывается возможный механизм воздействия этого поля на биологические объекты.

Оглавление

1. Вступление

"К настоящему времени в естествознании накопилось достаточно много наблюдений, свидетельствующих о существовании специфического воздействия, которое оказывают на биообъекты полостные структуры (пирамиды, пчелиные и подобные им соты, пористые материалы и т.п.)" [1]. Такие воздействия проявляются наиболее ярко у пчелиных сот. Например, в [2] пчеловод пишет : "Ячеистые структуры типа пчелиных сот создают поле, которое угнетает жизнедеятельность микробов и даже корней растений, благодаря чему гнезда ос и пчел всегда чисты. Если пчелиные соты без меда подержать над головой человека, то через несколько минут у него исчезнет чувство усталости и головная боль, нормализуются кровяное давление, сон." В [3, стр. 205] отмечается "... любопытнейшее явление у иных испытуемых — так называемые фосфены: подвижные, постоянно меняющиеся яркие разноцветные узоры при закрытых (а иногда и открытых) глазах — то всполохи, вспышки, искры, то струящиеся волны и спирали, то сложнейшие геометрические построения удивительной красоты, ни на что природное не похожие" – см. рис. 0. Разнообразные явления вблизи пчелиных сот описываются в [4]. Из сказанного следует, что в окрестности пчелиных сот существует некоторое поле, являющееся активным источником воздействий на биологические объекты. Далее исследуется природа такого активного поля. Отметим, что известны работы, в которых рассматриваются различные гипотезы о природе этого поля – см. [1] и ссылки в этой работе, [9-11]. Предлагаемая гипотеза отличается тем, что позволяет получить некоторые количественные оценки.

Рис. 0.

2. Предпосылки

Существование гравитационных волн предсказывается общей терией относительности. Из нее следует, что при слабых гравитационных полях и малых скоростях гравитация описывается максвеллоподобными уравнениями [5]. Именно такие условия существуют на Земле. Следовательно, должны были бы наблюдаться гравитоэлектромагнитные эффекты, аналогичные электромагнитным эффектам.

Рассмотрим уравнения электростатики, которые имеют вид (здесь и далее используется система СГС):

$$\text{div}E = 4\pi\rho, \tag{1}$$
$$\text{rot}E = 0, \tag{2}$$

где

- ρ — плотность электрического заряда $\sqrt{\text{г} \cdot \text{см}}\Big/\text{см}^3$;
- q — электрический заряд $\left[\sqrt{\text{г} \cdot \text{см}}\right]$;
- E — напряжённость электрического поля $\left[\sqrt{\text{г} \cdot \text{см}}\Big/\text{сек}^2\right]$

Из [5] следует, что имеют место также уравнения гравитостатики вида

$$\text{div}E_g = 4\pi G\rho_g, \tag{3}$$
$$\text{rot}E_g = 0, \tag{4}$$

где

- ρ_g — плотность массы $\left[\text{г}\big/\text{см}^3\right]$
- m — масса $\left[\text{г}\right]$;
- E_g — напряжённость гравитоэлектрического поля
  $\left[\text{см}\big/\text{сек}^2\right]$
- G - гравитационная постоянная, $G \approx 7 \cdot 10^{-8} \left[\text{см}^3\big/\text{г} \cdot \text{сек}^2\right]$

3. Геометрия пчелиных сот

Пчелиные соты (см. рис. 1) состоят из довольно тонких, близко расположенных друг к другу пчелиных ячеек. Толщина сот с незапечатанным расплодом составляет около 22 мм. Пчелиная ячейка имеет шестигранную форму и характеризуется следующими размерами: глубина 11-12 мм, диаметр вписанной окружности 5.37-5.42 мм, объём около 0.28 см³. Стенки ячеек имеют толщину примерно 0.1 мм. Отклонение от этой усредненной величины может быть не более 0.002 мм. На 1 см² приходится около четырех ячеек [6]. Плотность воска примерно 1 г\ см³.

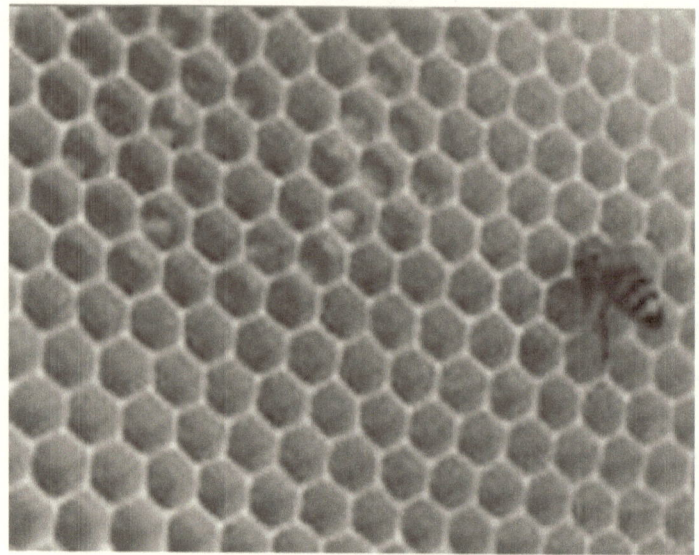

Рис. 1 (из [2]).

4. Гравитационное поле пчелиных сот

На рис. 2 показан фрагмент пчелиных сот в декартовых координатах x, y, z и плоскость ABCD в координатах xoz, перпендикулярная плоскости сот. Мы будем определять векторы гравитационных напряженностей E_{gx}, E_{gy}, E_{gz}, создаваемых массами пчелиных сот. Для этого надо решить уравнения (2.3, 2.4) при известной функции $\rho_g(x, y, z)$ распределения плотности масс в пчелиных сотах. В частности, эта функция распределения плотности масс по оси oy при $x = 0$ и $z = 0$ на рис. 2 - $\rho_g(0, y, 0)$ имеет вид, представленный на рис. 3. Здесь предполагается, что соты являются достаточно глубокими и массы расположены, фактически, на шестигранной решетке.

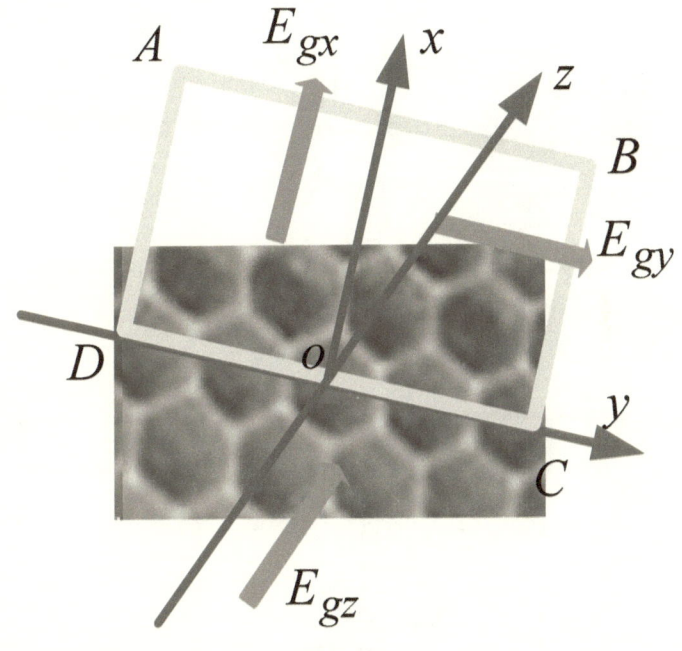

Рис. 2.

Такая функция $\rho_g(0,y,0)$ может быть апроксимирована функцией вида $\mathrm{Ch}(\beta y)$, где β - некоторый коэффициент, зависящий от диаметра ячейки. При этом функция $\rho_g(0,y,0)$ в целом апроксимируется периодической функцией $\mathrm{Chd}(\beta y)$, составленной из функций $\mathrm{Ch}(\beta y)$, определенных на отрезке $y \in \left(-R, R\right)$, равном ширирне ячейки. Аналогично может быть определена функция $\mathrm{Shd}(\beta y)$, составленная из функций $\mathrm{Sh}(\beta y)$, определенных на то же отрезке $y \in \left(-R, R\right)$. Для дальнейшего важно отметить, что

$$\frac{\mathrm{d}}{\mathrm{dt}}\mathrm{Chd}(\beta y) = \mathrm{Shd}(\beta y), \quad \frac{\mathrm{d}}{\mathrm{dt}}\mathrm{Shd}(\beta y) = \mathrm{Chd}(\beta y). \quad (1)$$

Аналогично определяется функция $\rho_g(0,0,z)$. При этом функцию распределения плотности масс в пчелиных сотах можно определить формулой

$$\rho_g(x,y,z) = \frac{\rho_o}{h}\mathrm{Chd}(\beta y)\mathrm{Chd}(\beta z)\delta(x). \quad (2)$$

Здесь предполагается, что $x = 0$ на дне ячейки, а функция

$$\delta(x) = \begin{cases} 1, & \text{если } x \le h, \\ 0, & \text{если } x > h, \end{cases} \tag{3}$$

где

h - высота ячейки,

β - известный коэффициент (от него зависит толщина стенки в функции Ch – см. также рис. 2),

ρ_o - плотность воска.

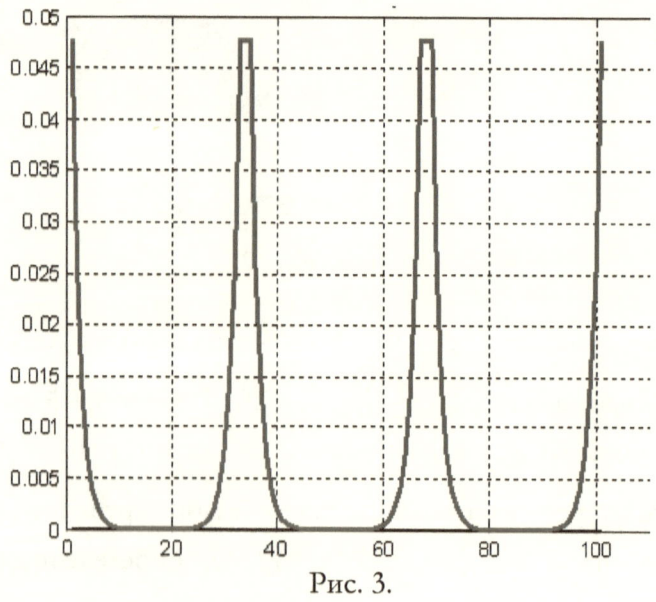

Рис. 3.

В [7, 8] дано решение уравнений вида (2.1, 2.2) при условии вида (2). В следствии указанной в п. 2 аналогии между электростатикой и гравитостатикой это решение может быть распространено на уравнения (2.3, 2.4, 2, 3). Тогда имеем:

$$E_{gx}(x,y,z) = e \cdot \mathrm{Chd}(\beta y)\mathrm{Chd}(\beta z)\cos(\beta x), \tag{4}$$

$$E_{gy}(x,y,z) = e \cdot \mathrm{Shd}(\beta y)\mathrm{Chd}(\beta z)\sin(\beta x), \tag{5}$$

$$E_{gz}(x,y,z) = e \cdot \mathrm{Chd}(\beta y)\mathrm{Shd}(\beta y)\sin(\beta x), \tag{6}$$

$$e = 4\pi G \rho_o h. \tag{7}$$

Таким образом, при указанных условиях плоскость ячеек формирует поле напряженностей (4, 5, 6), которые гармонически изменяются в направлении ox. Будем говорить, что в направлении, перпендикулярном плоскости ячеек, формируется немонотонное гармоническое поле.

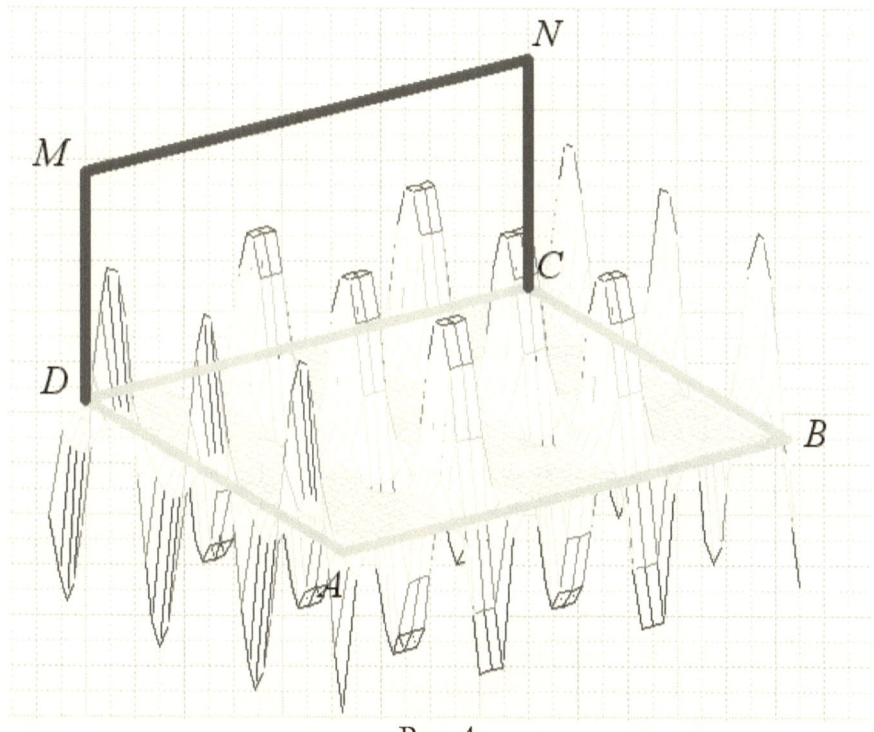

Рис. 4.

На рис. 4 показано для примера гармоническое поле напряженности $E_{gx}(x, y, z = 0)$ на плоскости ABCD, перпендикулярной плоскости сот ACNM – сравни с рис. 2. На рис. 4 показаны значения напряженности (отложенные по вертикали). Но вектор этой напряженности направлен вдоль плоскости ABCD параллельно стороне СВ. Это поле является статическим. Очевидно, должен быть период формирования этого поля и в этот период существует волна. У этой волны вектор напряженности E_{gx} направлен в сторону распространения волны - от сот. Следовательно, такая волна является продольной.

Пример. Из раздела 3 следует, что высота ячейки $h = 1.2[\text{см}]$. В соответствии с (7) имеем

$$e = 4\pi G \rho_o h = 4\pi \cdot 7 \cdot 10^{-8} \cdot 1 \cdot 1.2 \approx 10^{-6} \left[\text{см/сек}^2\right]$$

Следовательно, в точке максимума гравитационная напряженность $E_{\max} \approx 10^{-6} \left[\text{см/сек}^2\right]$ Для сравнения заметим, что масса 1г (что равно массе ячейки) на расстоянии $r = 3[\text{см}]$ создает напряженность

$$p = \frac{4\pi G}{r^2} = \frac{4\pi \cdot 7 \cdot 10^{-8}}{9} \approx 10^{-7} \left[\text{см/сек}^2\right]$$

Эта p напряженность меньше напряженности E. Кроме того, напряженность p (в отличие от напряженности E) с расстоянием уменьшается резко и монотонно.

5. Моделирование

Решение, найденное в предыдущем разделе, справедливо в близкой окрестности плоскости сот, поскольку не учитывает ограниченности этой плоскости и связанные с этим краевые эффекты.

В [7] дано решение подобной задачи электростатики 1) с учетом краевых эффектов и 2) при произвольной функции распределения зарядов вдоль ширины плоскости. Применим это решение к нашей задаче в частном случае, когда значение координаты z фиксировано. Рассмотрим вектор-функцию

$$E = \left[E_x(x, y), \; E_y(x, y)\right] \tag{8}$$

и функционал вида

$$F(E) =$$

$$\iint\limits_{x,y} \left\{ \begin{array}{l} \dfrac{1}{2} E_{gy} \cdot \left(\dfrac{\partial^2 E_{gx}}{\partial y^2} + \dfrac{\partial^2 E_{gx}}{\partial x \partial y} \right) + \dfrac{1}{2} E_{gx} \cdot \left(\dfrac{\partial^2 E_{gy}}{\partial y^2} + \dfrac{\partial^2 E_{gy}}{\partial x \partial y} \right) \\[3mm] + E_{gx} \cdot \left(\dfrac{\partial^2 E_{gx}}{\partial x^2} + \dfrac{\partial^2 E_{gx}}{\partial x \partial y} \right) - E_y \cdot \left(\dfrac{\partial^2 E_{gy}}{\partial x^2} + \dfrac{\partial^2 E_{gy}}{\partial y^2} \right) \\[3mm] + 4\pi G \rho_g \cdot \left(\dfrac{\partial E_{gx}}{\partial x} + \dfrac{\partial E_{gx}}{\partial y} \right) \end{array} \right\} dx dy \qquad , \quad (9)$$

где $\rho_g(x,y)$ – известная функция. Градиент этого функционала имеет вид

$$p = \left\{ \begin{array}{l} \left(\dfrac{\partial^2 E_y}{\partial y^2} + \dfrac{\partial^2 E_y}{\partial x \partial y} + \dfrac{\partial^2 E_x}{\partial x \partial y} + \dfrac{\partial^2 E_x}{\partial x^2} + 4\pi G \cdot \left(\dfrac{\partial \rho}{\partial x} + \dfrac{\partial \rho}{\partial y} \right) \right), \\[3mm] \left(\dfrac{\partial^2 E_x}{\partial y^2} + \dfrac{\partial^2 E_x}{\partial x \partial y} - \dfrac{\partial^2 E_y}{\partial x^2} - \dfrac{\partial^2 E_y}{\partial x \partial y} \right). \end{array} \right. \qquad (10)$$

При спуске на функционале (9) по градиенту (10) находится оптимальное значение функции (8), удовлетворяющее уравнению

$$p = 0. \qquad (11)$$

Поскольку поле Е не имеет постоянной составляющей, то из (10, 11) следует (2.3, 2.4). Таким образом, спуск на функционале (9) по градиенту (10) при данном $\rho_g(x,y)$ приводит к решению уравнений (2.3, 2.4).

В [7] описывается метод программная реализация такого метода решения этих уравнений. Далее мы только приведем расчет поля на этой программе. На рис. 5 показан результат расчета поля $E_{gx}(x,y,z=0)$ трех ячеек ячеек на той же плоскости ABCD. На рис. 6 показано для наглядности это же поле со знаком минус.

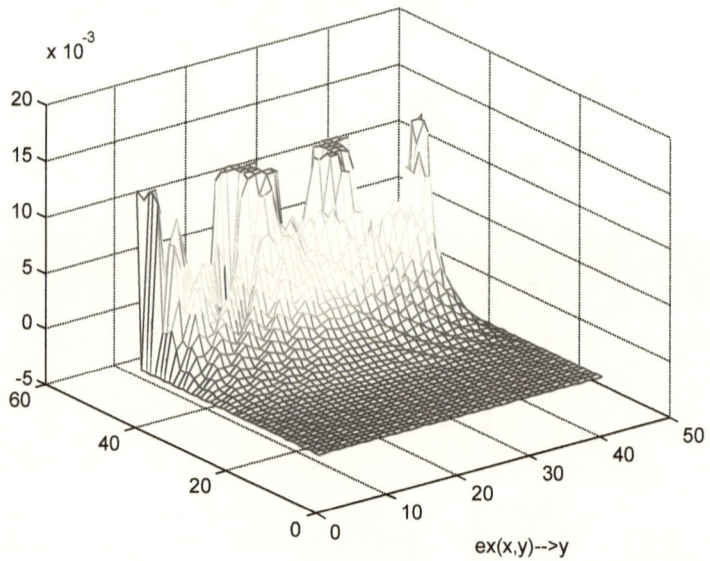

Рис. 5.

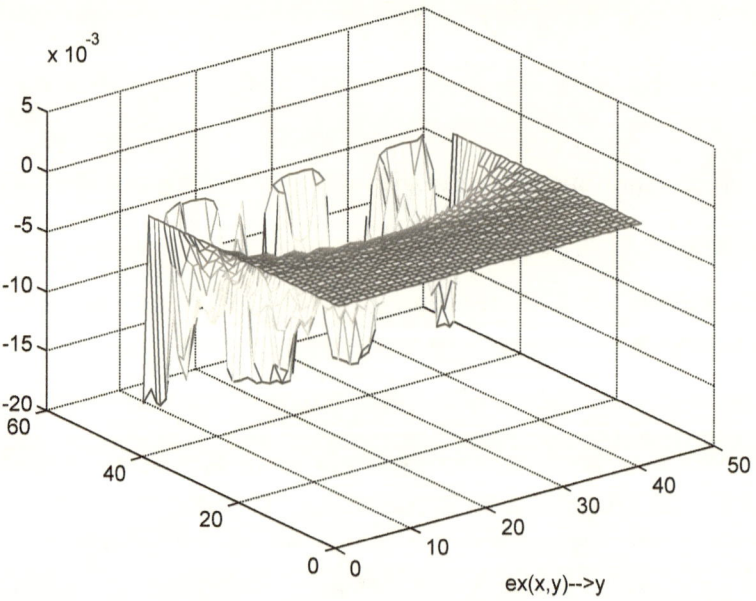

Рис. 6.

6. Предположение о механизме влияния поля на биообъекты

Рассмотренное немонотонное поле модулирует постоянное поле притяжения Земли. Поэтому суммарное поле имеет немонотонный градиент. Подвижная масса, оказавшаяся в таком поле, смещается в ближайшую точку с нулевым градиентом. Если эта подвижная масса является, напрмер, микроорганизмом, то его подвижность ограничивается. Жизнедеятельность такого обездвиженного микроорганизма ограничивается и он погибает. Так можно объяснить (отмеченный выше) факт угнетения жизнедеятельности микроорганизмов в окрестности пчелиных сот.

Подвижные частицы в теле человека под действием данного поля также стремятся расположиться в точках с нулевым градиентом. Таким образом, напряженность гармонического поля уменьшает тепловой хаос подвижных частиц, создавая некоторую упорядоченность. Видимо, именно это благотворно влияет на самочуствие человека вблизи пчелиных сот.

Литература

1. Эткин В. Эффект полостных структур, http://samlib.ru/e/etkin_w/effectpolostnyhstruktur.shtml
2. Шишкин А. Чудодейственный эффект пчелиных сот, http://amursk.su/2009-11-11-13-22-53/118-2009-12-26-17-14-40.html
3. Гребенников В. Тайны мира насекомых, 1990.
4. Гребенников В. Секрет пчелиного гнезда, http://www.matrix.ru/book_foto.shtml
5. Гравитомагнетизм. Википедия.
6. Пчелиные соты. Википедия.
7. Хмельник С.И. Расчет статических электрических и магнитных полей на основе вариационного принципа. «Доклады независимых авторов», изд. «DNA», printed in USA, ISSN 2225-6717, Lulu Inc., ID 11744286. Россия-Израиль, 2011, вып. 19, ISBN 978-1-105-15373-0.
8. Хмельник С.И. Вариационный принцип экстремума в электромеханических и электродинамических системах. Publisher by "MiC", printed in USA, четвертая редакция, Lulu Inc., ID 1769875, Израиль, 2012, ISBN 978-0-557-04837-3.
9. Серков Н.В. Сотовая структура как открытая термодинамическая система, http://lib.izdatelstwo.com/Papers2/Serkow.pdf

10. Гребенников В.С., Золотарев В.Ф. Теория полевого излучения многополостных структур, http://lib.izdatelstwo.com/Papers2/Grebennikow.pdf

11. Гребенников В.С., Золотарев В.Ф. Быстропротекающие процессы в среде физического вакуума как источник физических явлений, http://lib.izdatelstwo.com/Papers2/GrebZolot.djvu

Серия: **ФИЗИКА И БИОЛОГИЯ**

Хмельник С.И.

К теории лозоходства

Земля – источник сил глубокий
И свойств таинственных запас
Из почвы нас пронзают токи
Неотличимые на глаз.

Только в чувствительной руке магическая палочка действует

И.В. Гёте

Аннотация

Описывается физический механизм лозоходства и предпринимается попытка объяснить его с привлечением теории гравитоэлектромагнетизма.

Оглавление

1. Вступление

Лозоходство – весьма разнообразная область человеческой активности. Но здесь автор будет анализировать только поиск проточных вод. Читатель не увидит здесь обзора публикаций в этой области – их обилие. Наука не нашла объяснение этому явлению – есть только общие представления о том, как это может работать. Эти представления не много добавляют к тому, что сказал Гёте, но для последовательного изложения их надо сформулировать построже. Итак, механизм функционирования системы может быть следующим:

1. проточная вода излучает какие-то волны (электромагнитные, гравитационные, …),
2. эти волны генерируют в человеке какие-то токи,
3. в чувсвительном к ним организме эти токи усиливаются и передаются в лозу;
4. токи лозы взаимодействуют с излучением (см. п. 1), что вызывает движение лозы.

2. Предпосылки

Лоза (или металлическая рамка – в дальнейшем такое примечаание не будет повторяться) в руках человека, стоящего под линией электропередач (ЛЭП), вращается. Объяснение может заключаться в следущем. ЛЭП является источником переменного магнитного поля, у которого вектор магнитной индукции направлен вдоль поверхности земли. Человек с лозой образует для переменного тока замкнутый токопроводящий контур "лоза (свежая, токопроводящая)" – "человек (в теле которого протекают электорлитические жидкости – кровь, лимфа)" – "земля" – "емкость между лозой и землей". Переменное магнитное поле, пронизывающее токопроводящий контур, приводит его во вращение. Именно на таком принципе основано устройство однофазного асинхронного двигателя. Для начала работа такого двигателя к нему должен быть приложен пусковой момент. В нашем случае пусковым моментом может быть непроизвольное движение руки.

При слабом магнитном поле сопротивление токопроводящего контура должно быть мало. Это может быть достигнуто тем, что контур, содержащий индуктивность и емкость, настраивается в резонанс с частотой переменного магнитного поля. Другой способ мог бы заключаться в том, что в контур включается некоторый элемент, который преобразует переменную магнитную индукцию в переменную Э.Д.С. Какой из этих способов реализуется в организме человека – неизвестно. Но фактом является то, что лоза под ЛЭП вращается и, следовательно, человек (по крайней мере, некотрые из любей) создает контур нашего "асинхронного двигателя", вращающегося под действием слабого переменного магнитного поля.

3. Гравитационные волны

Существование гравитационных волн предсказывается общей терией относительности. Из нее следует, что при слабых гравитационных полях и малых скоростях гравитация описывается максвеллоподобными уравнениями (в дальнейшем – МПГ) [1]. Именно такие условия существуют на Земле. Следовательно, должны были бы наблюдаться гравитационные эффекты, аналогичные электромагнитным эффектам. Недавно опубликованы оригинальные эксперименты Самохвалова [2], результаты которых можно интерпретировать именно как следствия МПГ. Этот вопрос подробно рассмотрен в [3]. Там показано, что для получения соответствия между результатами экспериментов и МПГ, последние должны быть дополнены некоторым коэффициентом, названным гравитационной проницаемостью. Он имеет очень большую величину в вакууме, но практически равен нулю при атмосферном давлении. Именно поэтому результаты экспериментов Самохвалова в вакууме впечатляют, а в воздухе отсутствуют.

Основной результат заключается в том, что переменный во времени поток частиц, обладающих массой, - переменный массовый ток возбуждает гравитомагнитные волны. Эти волны очень быстро затухают в воздухе.

Однако, если магнитогравитационные волны затухают, то их энергия должна перейти в другую энергию. Автор предполагает, что этой энергией является энергия стоячей магнитной волны. Надо отметить что такие волны (возникшие по другой причине) наблюдались в экспериментах [4]. В [5] показывается, что такие волны могут существовать длительное время, т.к. в воздухе происходит обмен тепловой и магнитной энергий в области существования этой волны (аналогично преобразованию магнитной энергии в элетрическую в бегущей электромагнитной волне). Существует и обратный обмен тепловой энергии в магнитную. Кроме того, эта область существования расширяется. Этот процесс сопровождается понижением температуры области существования волны, что также наблюдается экспериментально [4] и объясняется в [5]. При этом энергия стоячей волны может превышать энергию магнитогравитационные волны. Заметим еще, что стоячая волна может существовать даже после исчезновения источника ее возникновения. Этим, вероятно, объясняется то, что некоторые лозоходцы могут обнаруживать зоны, где был такой источник.

Итак, переменный массовый ток возбуждает магнитогравитационную волну, которая в воздухе преобразуются в магнитную стоячую волну. И ток, и магнитогравитационная волна, и магнитная стоячая волна имеют одну и ту же частоту.

Переменная магнитная индукция стоячей волны воздействуκт на контур вышеописанного "асинхронного двигателя", вращающего лозу.

4. Механизм функционирования системы

На этой основе предлагается следующее объяснение механизма функционирования системы - см. рис. 1.

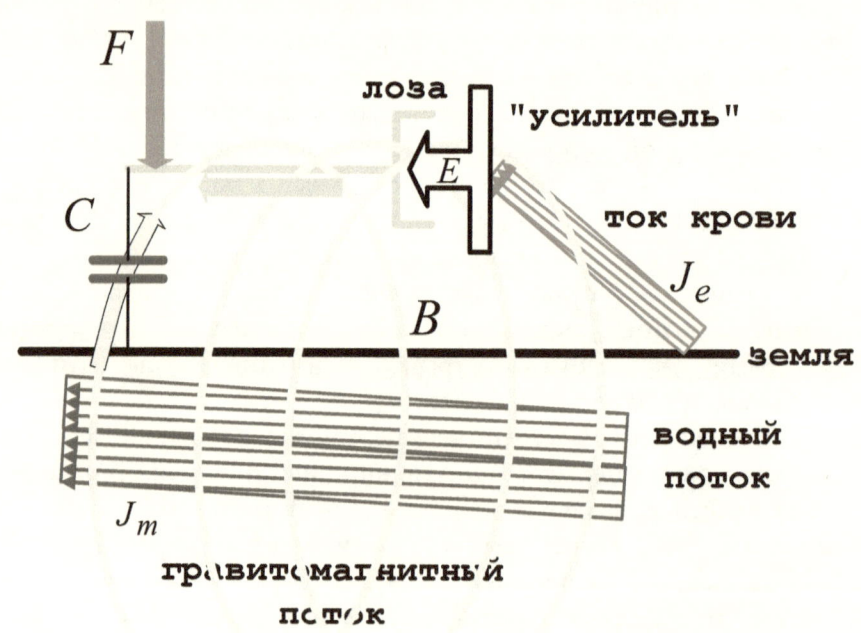

Рис. 1.

Подземный поток воды является переменным массовым током. Но это утверждение справедливо, только в том случае, если поток является турбулентным [6]. Итак, турбулентный поток воды эквивалентен переменному массовому току J_m с некоторой основной частотой f. Ламинарный поток не является переменным массовым током. Турбулентность возникает только при значительных скоростях потока жидкости. Известный Сиднейский эксперимент 1980 г. по проверке лозоходства [7] оказался неудачным, может быть, именно потому, что скорость воды в трубах была недостаточной для возбуждения массового тока.

Переменный массовый ток J_m создает переменный гравитомагнитный поток Φ_g с той же частотой f. Именно его излучает поток воды (см. п. 1.1). При распространении в воздушной среде гравитомагнитный поток Φ_g формирует магнитную стоячую волну с индукцией B и передает ей свою энергию. Эта индукция B взаимодействует с токопроводящим контуром K "лоза" – "ток крови" – "земля" – "емкость C". В контуре K возникает индукционный электрический ток J_e (см. п. 1.2). Ток J_e накладывается в виде слабой переменной составляющей на основной ток жидкостей в теле человека. В организме некоторых людей есть, видимо, "усилитель" E таких токов (см. п. 1.3), входным сигналом которого является сам этот ток или индукция B. Автор должен прямо заявить, что не имеет никаких предположений, как может быть устроен этот "усилитель". Кроме того, организм настраивается в резонанс с частотой f индукции B, меняя свю идуктивность и емкость таким образом, что резонансная частота контура K становится равной f. В результате ток J_e приобретает достаточную величину для проявления эффекта "асинхронного двигателя" A - возникает сила F "асинхронного двигателя" K, которая заставляет лозу поворачиваться в вертикальном направлении (см. п. 1.4). Таким образом, человек вырабатывет энергию для вращения лозы.

Итак, человек в рассматриваемой системе является приемником индукции, создаваемой турбулентным потоком воды, усилителем и преобразователем наведенных ею токов во вращающую силу.

5. Некоторые количественные оценки

Известно, что плотность энергии электромагнитной волны (здесь и далее используется система СГС)

$$W = \frac{B^2}{8\pi}\left[\frac{\text{г}}{\text{см}\cdot\text{сек}^2}\right], \tag{1}$$

где B - магнитная индукция этой волны. В [3] показано, что плотность энергии гравитоэлектромагнитной волны

$$W_g = \frac{\left(\xi B_g\right)^2}{8\pi G},\tag{2}$$

где

B_g - гравитомагнитная индукция этой волны $\left[\dfrac{cm}{ceк^2}\right]$;

G - гравитационная постоянная, $G \approx 7\cdot10^{-8}\left[\dfrac{cm^3}{g\cdot ceк^2}\right]$;

ξ - <u>гравитационная проницаемость вакуума.</u>

Если гравитомагнитная волна передает свою энергию стоячей магнитной волне (как указывалось выше), то в соответствии с законом сохранения энергии

$$W = W_g.\tag{3}$$

Из (1-3) находим

$$B = \frac{\xi B_g}{\sqrt{G}}\left[\frac{1}{ceк}\sqrt{\frac{g}{cm}}\right].\tag{4}$$

Здесь учитывается гравитационная проницаемость вакуума, а не воздуха, поскольку гравитомагнитная индукция без распространения переходит в магнитную индукцию.

Гравитомагнитная индукция B_g бесконечного проводника с

массовым током $J_g\left[\dfrac{g}{ceк}\right]$ (каковым является турбулентный поток

воды) определяется по формуле [3]

$$B_g = 2GJ_g/(ch),\tag{5}$$

где h - расстояние от потока до точки измереия индукции (в нашем случае – расстояние от потока до лозы). Объединяя (4, 5), получаем:

$$B = 2\xi\sqrt{G}J_g/(ch).\tag{6}$$

или

$$B = \frac{2\xi\sqrt{G}}{c}\cdot\frac{J_g}{h} \approx \frac{2\cdot\xi\cdot\sqrt{7\cdot10^{-8}}}{3\cdot10^{10}}\cdot\frac{J_g}{h} \approx 2\cdot\xi\cdot10^{-14}\frac{J_g}{h}.\tag{7}$$

Найдем теперь массовый ток J_g. Он определяется по формуле

$$J_g = \alpha S \rho v [г/сек],\tag{8}$$

где

$v [см \cdot сек^{-1}]$ - скорость потока воды;

$\rho \approx 1 [г \cdot см^{-3}]$ - плотность воды;

$S [см^2]$ - площадь сечения птока воды;

α - коэффициент, показывающий какая часть бурлящего потока совершает колебания; мы примем для дальнейших оценок $\alpha \approx 0.1$.

Итак, для воды

$$J_g = 0.1 S v [г \setminus сек],\tag{9}$$

Объединяя (7, 9) окончательно находим магнитную индукцию, создаваемую турбулентным потоком воды:

$$B \approx 2 \cdot 10^{-15} \cdot \frac{\xi \cdot S \cdot v}{h} [Гс].\tag{10}$$

Пример. В [3] дана грубая оценка гравитационной проницаемости вакуума $\xi \approx 10^{12}$. Пусть, далее, $S = 5 [см^2]$ $v = 10 [см \cdot сек^{-1}]$ $h = 200 [см]$. Тогда $J_g = 1000 [г \setminus сек]$, а амплитуда переменной магнитной индукции $B \approx 2 \cdot 10^{-15} \cdot 10^{12} \cdot \frac{5 \cdot 10}{200} \approx 10^{-3} [Гс]$. Магнитная индукция под линией электропередачи также имеет величину порядка $B \approx 10^{-3} [Гс]$. Под линией электропередачи лоза вращается. Следовательно, индукция $B \approx 10^{-3} [Гс]$, полученная в примере, может быть обнаружена с помощью лозы.

6. Возможные эксперименты

Предлагаемая гипотеза поддается экспериментальной проверке. При хорошей инструментальной базе и умении экспериментатора ток J_e, индукция B, частота f и сила F могут быть обнаружены и измерены. Достаточно просто измеряются характеристики потока S, v, h. Важно отметить, что S, v должны удовлетворять критерию Рейнолдса для возникновения турбулентности. Известно [8], что это условие для круглой трубы имеет вид

$$\mathrm{Re} = Dv/\eta, \qquad (12)$$

где D - диаметр трубы, η - коэффициент кинематической вязкости. Для воды $\eta \approx 0.01\text{см}^2/\text{с}$ [8]. Турбулентность возникает, если число Рейнольдса $\mathrm{Re} > 2300$. Пусть, например, $D = 2.5\text{см}$ и $S = 5\text{см}^2$. При этом из (12) найдем скорость турбулентного потока $v = 10$ см\сек.

Литература

1. Гравитомагнетизм. Википедия.
2. Самохвалов В.Н. Статьи в журнале «Доклады независимых авторов», изд. «ДНА», ISSN 2225-6717, Россия – Израиль, 2009, вып. 13; 2010, вып. 14; 2010, вып. 15; 2011, вып. 18; 2011, вып. 19.
3. Хмельник С.И. Экспериментальное уточнение максвеллоподобных уравнений гравитации, данный выпуск.
4. Рощин В.В., Годин С.М. Экспериментальное исследование физических эффектов в динамической магнитной системе. Письма в ЖТФ, 2000, том 26, вып. 24.
5. Хмельник С. И. Энергетические процессы в бестопливных электромагнитных генераторах. Publisher by "MiC", printed in USA, Lulu Inc., ID 10060906, Израиль, 2011, третья редакция, ISBN 978-1-257-08919-2.
6. Хмельник С.И. Механизм возникновения и метод расчета турбулентных течений, данный выпуск.
7. Лозоходство. Википедия.
8. Вильнер Я.М. и др. Справочное пособие по гидравлике, гидромашинам и гидроприводам, изд. "Высшая школа", 1976.

Серия: ЭЛЕКТРОТЕХНИКА

Солонар Д.П.

Возможность применения электрических генераторов в космических энергоустановках

Аннотация

В работе рассмотрены возможности и условия применения униполярных генераторов в космических энергоустановках.

Достижения в области создания энергоустановок показывают, что в диапазоне электрической мощности 100 кВт и выше ядерные энергоустановки (ЯЭУ) с использованием газотурбинных преобразователей энергии (ГТПЭ) , не уступая по надежности энергоустановкам на основе солнечных батарей и термоэмиссионных преобразователей , превосходят их по таким параметрам как компактность, масса и экономичность.

В качестве источников электрической энергии постоянного тока в ГТПЭ могут применятся обычные коллекторные генераторы постоянного тока, генераторы переменного тока с выпрямительными устройствами, а также униполярные генераторы.

Использование сверхпроводящих обмоток позволит увеличить плотность электрической энергии в данных машинах, снизить их удельный вес до 0,I - I кг/кВт, что связано с ростом магнитного потока в рабочем объеме и уменьшением тепловых потерь.

По сравнению с другими типами электрических машин униполярные генераторы обладают рядом преимуществ, главные из которых: простота конструкции, большая перегрузочная способность, высокий к.п.д, отсутствие пульсаций в кривой тока и напряжение, возможность непосредственного подсоединения к турбине энергоустановки и т.д.

Использование в униполярных генераторах сверхпроводящей обмотки дает возможность значительно увеличить магнитное поле и э.д.с. генератора.

Как показывают расчеты, униполярные генераторы могут обладать хорошими энерговесовыми показателями

В работе [1] дается расчетно-теоретический анализ энерговесовых характеристик УГ с криогенной обмоткой возбуждения. Рассматривался униполярный генератор, имеющий радиус диска 0,3 м, вращающегося со скоростью 300 - 400 м/с, при плотности тока в обмотке возбуждения j=4·10⁸ А/м. и магнитном поле , создаваемом в обмотке возбуждения 1.В=5Тл, 2.В=10Тл.

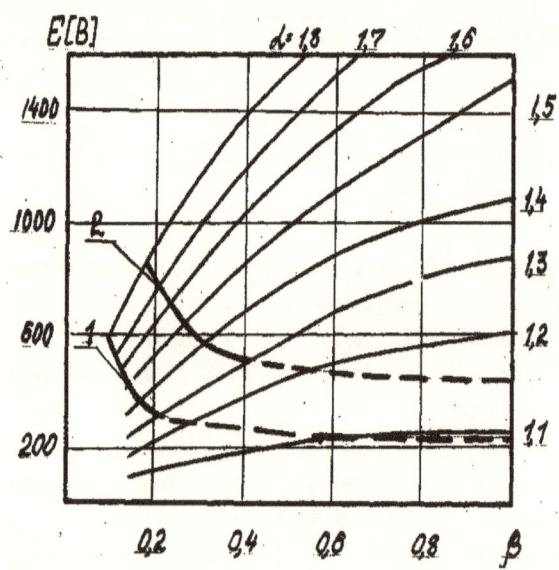

Рис.1. Расчетно-теоретический анализ энерговесовых характеристик УГ с криогенной обмоткой возбуждения.

Указанный радиус диска принимался исходя из возможности изготовления криогенной обмотки возбуждения и возможных скоростей вращения турбинных дисков.

Как видно из рис. 1, при соответствующих параметрах обмотки возбуждения однодисковый УГ может генерировать э.д.с. до 1000 В и выше. Однако для этого необходимо, чтобы в рабочем объеме униполярного генератора создавалось магнитное поле в несколько десятков тесла, что невозможно при современном развитии техники создания мощных соленоидов.

Наиболее реальные величины магнитных полей, достижимых в настоящее время могут составлять 5 + 10 Тл. При таких магнитных полях и соответствующих параметрах обмотки УГ, генерируемая э.д.с может достигать от 600 В до 800 В (рис. 1).При этом, удельный вес униполярного генератора, рассматриваемых размеров при постоянной мощности растет пропорционально размерам обмотки возбуждения и может составлять $4 \cdot 10^{-2}$ кг/кВт (рис. 2).

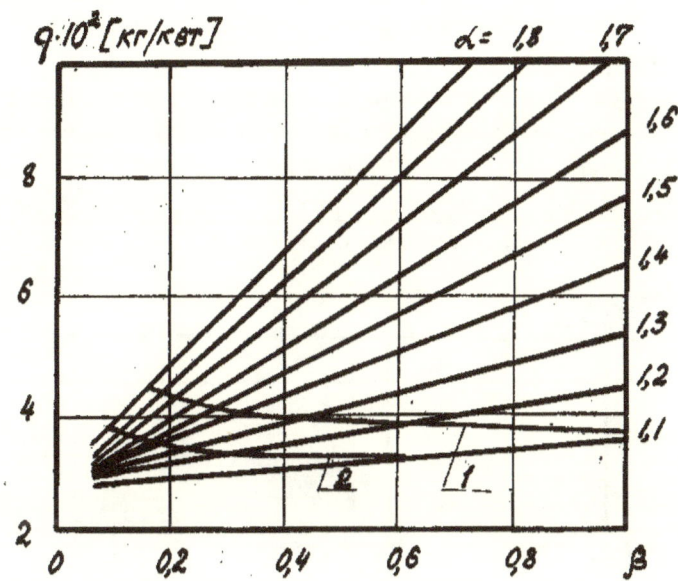

Рис. 2. Зависимость удельного веса униполярного генератора

$$\alpha = \frac{R_{os}}{R_{ye}}, \qquad \beta = \frac{L_{os}}{R_{os}}$$

от параметров обмотки возбуждения , , где

R_{os}, R_{ye}, - внутренний радиус обмотки возбуждения и радиус диска УГ, соответственно,

L_{os} - длина обмотки возбуждения УГ.

Так например, предэскизный проект УГ мощностью 25 мВт [2] показал, что удельный вес генератора может достигать 0,05 кг/кВт при э.д.с, равной ~ 500 В.При этом, магнитное поле, создаваемое обмоткой возбуждения должно составлять: 1. 5Тл, 2. 10Тл. (рис. 2)

Если же мощность УГ заданных размеров не ограничивается по величине, то при увеличении размеров обмотки возбуждения в связи с ростом э.д.с, а следовательно, и мощности, развиваемой униполярным генератором, его удельный вес уменьшается (рис. 3).

Конечно, создание таких агрегатов является довольно сложной задачей, так как имеется ряд трудностей таких, как необходимость работы подвижного электрического контакта при высоких линейных скоростях вращения диска и в сильных магнитных полях, необходимость прохождения больших электрических токов через эти агрегаты и т.д.

Как известно, рабочие характеристики униполярного генератора в значительной степени определяются и линейной скоростью вращения ротора.

Однако, ограничивающим фактором увеличения скорости вращения ротора, а следовательно и более широкому применению УГ в энергоустановках, является не столько прочностные характеристики материала ротора, сколько способность к устойчивой роботе подвижного электрического контакта.

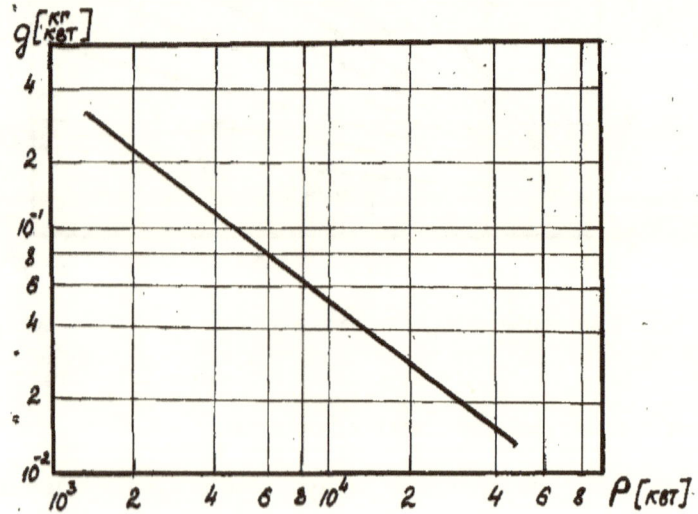

Рис. 3. Зависимость удельного веса УГ от мощности, развиваемой генератором.

В настоящие время в униполярных машинах применяются в основном щеточные и жидкометаллические подвижные электрические контакты

Щеточные контакты в стационарном режиме могут работать только до 20 - 30 м/с при плотности электрического тока $\leq 10^5$ А/м²

В импульсном режиме, при использовании угольноволокнистых щеток с медным покрытием, была достигнута линейная скорость вращения, равная 350 м/с, при плотности тока $7 \cdot 10^6$ А/м². Как показано в этих исследованиях, кроме механических потерь в зоне контакта возникают еще и электрические потери. Так при $V_p = 150$

м/с и плотности тока $j=3 \cdot 10^6$ А/м^6 падение напряжения в контакте в среде аргона составляло 1,5 В, в среде воздуха 1,9 В . Причем, увеличение скорости вращения ротора приводило к росту электрических потерь.

Применение жидкометаллического контакта является более эффективном решением токосъема в униполярном генераторе .Однако, с увеличением скорости вращения диска значительно растут потери в этом контакте. Кроме того, жидкометаллические подвижные контакты в сильных магнитных полях работают не устойчиво.

Кроме щеточных и жидкометаллических подвижных контактов в униполярных машинах может применяться электродуговой подвижный контакт, предложенный учеными НИИТП г. Москвы.

Показано, что при определенных условиях потери в этих контактах могут достигать незначительных величин, что дает возможность применять их при создании электрических генераторов.

Выводы

Таким образом, как следует из статьи в качестве источников электрической энергии постоянного тока в ГТПЭ могут применяться униполярные генераторы, которые по сравнению с другими типами электрических машин обладают рядом преимуществ, главные из которых: простота конструкции, большая перегрузочная способность, высокий к.п.д, отсутствие пульсаций в кривой тока и напряжение, возможность непосредственного подсоединения к турбине энергоустановки и т.д.

Литература

1. Д.П. Солонар, С.А. Егоров. Отчет НИР Исследование перспективных генераторов машинного типа. Кременчугский политехнический институт. 1990 г.
2. А.Н. Агеев, Д.П. Солонар., А.К. Сынков. Предэскизный проект униполярного генератора мощностью 25 МВт. НТО ФНИИТП 1972 г.

Серия: ЭЛЕКТРОТЕХНИКА

Солонар Д.П.

Некоторые результаты экспериментальных исследований подвижного плазменного термоэмиссионного контакта

Аннотация

В статье приводятся результаты некоторых экспериментальных исследований подвижного плазменного термоэмиссионного контакта униполярных генераторов. Показано, что при определенных условиях потери в этих контактах могут достигать незначительных, что дает возможность применять их при создании электрических генераторов.

Кроме щеточных и жидкометаллических подвижных контактов в униполярных машинах может применяться электродуговой подвижный контакт,. предложенный учеными НИИТП г. Москвы.

Режим работы такого контакта во многом должен быть сходен с режимом работы термоэмиссионных преобразователей энергии и поэтому его характеристики зависят от эмиссионной способности электродов и физических свойств межэлектродной среды.

Сравнительный анализ режимов работы контакта показывает, что наиболее оптимальным является диффузионный режим с объемной ионизацией (низковольтная дуга) в связи с относительно большой плотностью электрического тока с рабочей поверхности катода, которая может достигать 2-4 10^2 А/см² и малыми потерями в контакте, поскольку потенциал горения низковольтной дуги значительно меньше потенциала ионизации газа, находящегося в зоне электрической дуги. Некоторые результаты испытаний такого контакта представлены на рис.1 В этих исследованиях в электрической дуге плазменного термоэмиссионного контакта при плотности тока до 300 А/см² и токе до 1200А падение напряжения в дуге контакта составляло 2 – 4В.

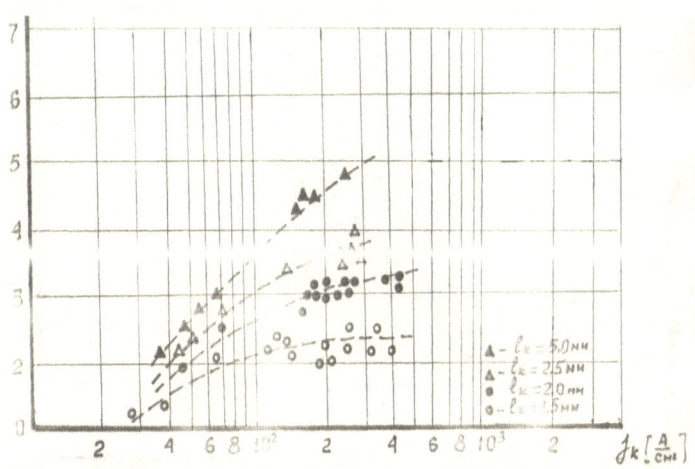

Рис. 1. Результаты экспериментальных исследований плазменного термоэмиссионного контакта

Зависимость падения напряжения в контакте при различных межэлектродных расстояниях и плотностях тока показана на рис.2.В этих исследованиях плотность тока в электрической дуге контакта составляла:

1.j $=10^2$ А/см^2; 2.j $=2 \cdot 10^2$ А/см^2; 3.j $=3 \cdot 10^2$ А/см^2; 4.j $= 4 \cdot 10^2$ А/см^2. Исходя из этих испытаний был сделан вывод о возможности создания УГ с таким контактом.

Однако, при обсуждении этих исследований были высказаны некоторые сомнения относительно устойчивой работы ПТК, одно из которых касалось устойчивости кольцевой касалось устойчивости кольцевой электрической дуги контакта как без магнитного поля, так и в нем.

Для проверки этого вопроса и в связи с отсутствием разработанных конструкций катодных узлов с тугоплавких материалов, были проведены пять испытаний токосъемного узла, в которых в качестве катодов применялись вольфрамовые пластины толщиной 1 мм.. Торцевая поверхность такого катода составляла около 3 см^2 . Пластины закреплялись на кольцевом корпусе диаметром 300 мм. Причем, в первых четырех испытаниях использовались соответственно 7, 10, 11, 12 катодов, а в пятом испытании на кольце было закреплено 32 вольфрамовые пластины.

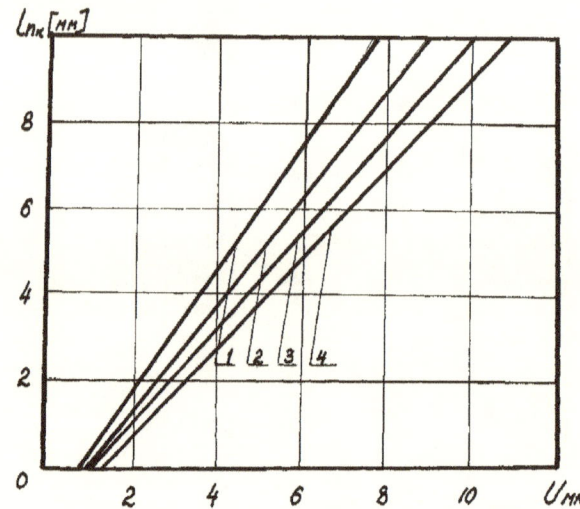

Рис. 2. Зависимость падения напряжения в контакте при различных межэлектродных расстояниях и плотностях тока
(1.j $=10^2$ А/см^2; 2.j $=2\cdot10^2$ А/см^2; 3.j $=3\cdot10^2$ А/см^2; 4.j $= 4\cdot10^2$ А/см^2)

Исследование характеристик электрической дуги контакта при использовании данного токосъемного узла проводилось на экспериментальном униполярном двигателе УД (рис. 3).

Рис. 3. Стенд для исследования экспериментального униполярного двигателя

Предварительный вакуум в рабочем объеме УМ, перед напуском паров цезия, не превышал $6 \cdot 10^{-2}$ мм рт. ст.

Температура внутренней поверхности изделия достигала 600К, температура катодов- 670К. Межэлектродный зазор между анодом (диском) и катодами составлял 2,5 – 3мм.

После подачи напряжения на электроды (катод и анод), при наличии паров цезия в рабочем объеме УМ, электрическая дуга контакта возникала в начале на одном или двух катодах и постепенно распространялись на остальные катоды и через некоторое время, не более 30 с, горела уже со всех катодов. При выключении напряжения и повторном включении, дуга контакта начинала гореть со всех катодов.

В испытании, при использовании кольцевого токосъемного узла, электрическая дуга устойчиво горела по всему кольцу. Как показали наблюдения в смотровое окно в испытаниях, где использовались полые катоды, электрическая дуга в основном горела с полостей катодов, образованных пластинами. В пятом испытании электрическая дуга горела с торцов катодов.

На рис.4 показаны результаты испытаний, зависимость падения напряжения в дуге контакта от плотности тока. Величина тока в испытаниях 1.1 – 1.4 изменялась от 100 до2000А, а расчетная плотность тока составляла 30-300 А/см² .Падение напряжения в этих испытаниях достигало 1,65 – 5,5В.

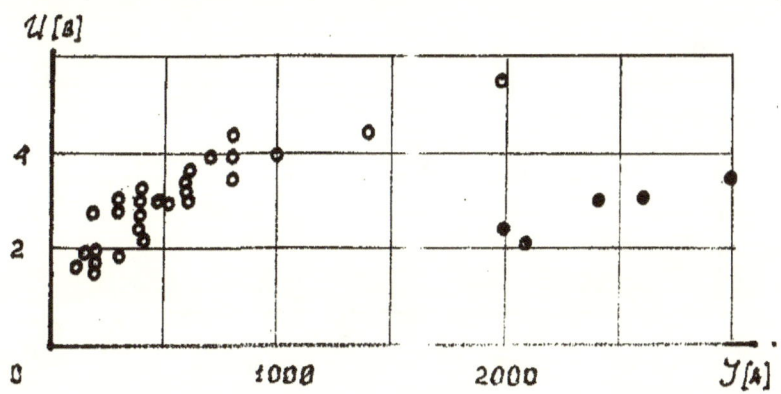

Рис. 4. Зависимость падения напряжения в дуге контакта
от величины электрического тока.

В испытании 1.5 электрический ток в дуге изменялся от 2000 до 3400А, а расчетная плотность тока составляла 45-80 А/см² соответственно. Падение напряжения в дуге контакта достигало 2,5-3,5В, что хорошо согласуется с результатами испытаний 1.1-1.4.

Длительность испытаний достигала от 5 до 10 мин. После испытаний токосъемное устройство и анод находились в хорошем состоянии.

Исследования плазменного контакта проводились также при использовании его в качестве подвижного электрического контакта в униполярном двигателе, на стенде изображенном на рис.3.

Для съема электрического тока вала применялся жидкометаллический контакт, рабочим телом которого являлся калий-индиевый сплав. Токосъемный узел набирался из вольфрамовых пластин, применяемых в предыдущих испытаниях, закрепленных на одном кольце диаметром 300мм. Токосъемная эмиссионная поверхность в этом случае составляла 6 см^2 . Нагрев катодов осуществлялся за счет электрического разряда, горящего между основными и вспомогательными катодами.

После прогрева поверхностей рабочего объема до 580К и корпуса ампулы до 600К разбивались ампулы и пары цезия заполняли рабочий обьем УД. После подачи напряжения на основные и дополнительные катоды возникала электрическая дуга, прогревающая основные катоды.

Как показали наблюдения в смотровое окно, электрическая дуга нагрева горела равномерно по всей поверхности вспомогательных катодов.

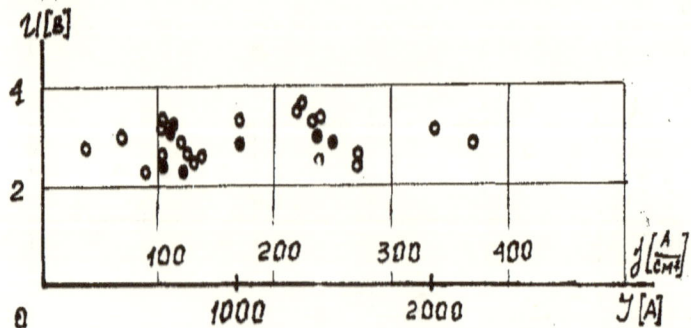

Рис. 5. Зависимость падения напряжения в дуге контакта от плотности электрического тока.

Величина тока, протекающего в дуге нагрева, достигала 320А, а падение напряжения уменьшалось по мере прогрева катодов с 6,5 до 5,0В. После нагрева катодов подавалось рабочее напряжение на основные электроды и между катодами и диском возникала электрическая дуга подвижного контакта, которая горелаустойчиво в основном во всех торцов катодов пластин – см. рис. 5.

Исследования плазменного контакта проводились как без магнитного поля , так и в продольном поле. При увеличении магнитного поля до 1300 эрстед исчезало свечение на боковых поверхностях пластин и разряд горел только с торцевых поверхностей.

Вращение диска со скоростью 0-7000 о/мин, что соответствовало линейной скорости в зоне электрической дуги подвижного контакта 0-110 м/с, не оказывало заметного влияния на характеристики и устойчивость дуги контакта.

Было проведено два испытания. Величина тока в этих испытаниях изменялось от 200 до 2200А, а падение напряжения в дуге контакта составило 2,5-4,5В (рис.4). Увеличение магнитного поля до 1300 эрстед незначительно увеличивало напряжение в контакте.

Длительность испытаний составляла от 10мин, и определялась нагревом ротора УД.

После испытаний токосъемное устройство и диск находился в хорошем состоянии без следов оплавления.

Выводы

Таким образом, как следует из приведенных результатов исследования, в униполярном генераторе в качестве подвижного электрического контакта можно применять плазменный токосъемный контакт. При этом при плотности тока 1- 210^2 А/ см^2 потери в этом контакте достигают незначительных величин, а скорость вращения ротора не оказывает влияния на характеристики электрической дуги контакта.

Литература

1. Солонар Д.П. Краткий анализ результатов экспериментальных исследований плазменного контакта униполярных машин. НТО Кременчугский филиал ХПИ, 1991 г.

Авторы

Елкин Игорь Владимирович; *Россия.*
ielkin@yandex.ru
Родился в 1958г. Школу закончил в 1975г. В 16 лет поступил на физико-механический факультет ЛПИ им. Калинина (теперь - политехнический университет). Написал диплом в Физико-техническом институте имени А.Ф. Иоффе. Окончил физико-механический факультет ЛПИ им. Калинина До 1987г. работал по специальности. После - не по специальности, но теоретическую физику не забывал. Было легче без определенных тем.

Замалиев Павел Сергеевич, *Россия.*
zamaliev@bk.ru

1958 г.р.
г. Волгоград.

Недосекин Юрий Андреевич, *Россия*
nedyuriy@rambler.ru
Родился в год лошади (овен) 27 марта 1942 года в д. Печерники Зарайского района Московской   обл.
Родители: мать Сергеева Зоя Михайловна - учительница начальных классов; отец Недосекин Андрей Спиридонович - лесничий.

В 1969 году окончил физфак Томского государственного университета по специальности "Теоретическая физика". Работал 2 года в НИИ механики и газа (п\я), затем 3 года в экспериментальном отделе группы проф. К.П. Станюковича, где разработал теорию крутильного маятника с 5-ю степенями свободы, используемого во многих приложениях (в частности, в гравиметрии). *Подробнее см. в предыдущих выпусках ДНА*

Солонар Джан Павлович, *Россия.*
solonar55@rambler.ru
1936 г.р. Окончил в 1967г. Харьковский авиационный институт. Защитил кандидатскую диссетрацию по вопросам космической энергетики. Доцент.

Хмельник Михаил Ицкович, *Израиль.*
solik@netvision.net.il
Доктор физико-математических наук. Научные интересы –гидродинамика, теория фильтрации, ток в газах, математика. Имеет около 120 научных статей. Подготовил ряд кандидатов и докторов наук. Много лет работал доцентом, а затем профессором Московского государственного университета печати.

Много лет был ученым секретарем семинара по гидродинамике при Институте проблем механики АН (СССР, а затем РФ), ученым секретарем секции физики Московского общества испытателей природы при МГУ. Почетный профессор Кыргызского государственного университета строительства, транспорта и архитектуры.

Хмельник Соломон Ицкович, *Израиль*.
solik@netvision.net.il
К.т.н., научные интересы – электротехника, электроэнергетика, вычислительная техника, математика. Имеет около 200 изобретений СССР, патентов, статей, книг. Среди них – работы по теории и моделированию математических процессоров для операций с различными математическими объектами; по новым методам расчета электромеханических и электродинамических систем; по управлению в энергетике; по альтернативной энергетике.

Эткин Валерий Абрамович, *Израиль*.
v_a_etkin@bezeqint.net
Доктор технических наук, профессор, действительный член Европейской Академии естественных наук и Международной Академии биоэнергетических технологий. Руководитель ассоциации биоэнергологов "Энергоинформатика"

www.ingramcontent.com/pod-product-compliance
Lightning Source LLC
Chambersburg PA
CBHW021953170526
45157CB00003B/968